"食品营养与检测"中高职贯通教材

食品微生物检验（1）
实训指导书

SHI PIN WEI SHENG WU JIAN YAN SHI XUN ZHI DAO SHU

主 编◎龚漱玉 王 鸿

主 审◎张 磊

参 编◎陈瑞玲

华东师范大学出版社

图书在版编目(CIP)数据

食品微生物检验(1)实训指导书/龚漱玉,王鸿主编. —
上海:华东师范大学出版社,2020
ISBN 978 - 7 - 5760 - 0573 - 8

Ⅰ.①食… Ⅱ.①龚…②王… Ⅲ.①食品微生物—
食品检验—职业教育—教学参考资料 Ⅳ.①TS207.4

中国版本图书馆 CIP 数据核字(2020)第 101914 号

“食品营养与检测”中高职贯通教材

食品微生物检验(1)实训指导书

主　　编　龚漱玉　王　鸿
责任编辑　李　琴
项目编辑　孔　凡　陈文帆
责任校对　周跃新
装帧设计　庄玉侠

出版发行　华东师范大学出版社
社　　址　上海市中山北路 3663 号　邮编 200062
网　　址　www.ecnupress.com.cn/
电　　话　021 - 60821666　行政传真 021 - 62572105
客服电话　021 - 62865537　门市(邮购)电话 021 - 62869887
地　　址　上海市中山北路 3663 号华东师范大学校内先锋路口
网　　店　http://hdsdcbs.tmall.com

印 刷 者　北京虎彩文化传播有限公司
开　　本　787×1092　16 开
印　　张　7.25
字　　数　175 千字
版　　次　2020 年 8 月第 1 版
印　　次　2020 年 8 月第 1 次
书　　号　ISBN 978 - 7 - 5760 - 0573 - 8
定　　价　25.00 元

出 版 人　王　焰

前　言

本实训指导书是根据中高职贯通"食品营养与检测"专业设置的《食品微生物检验(1)》课程标准要求编写,与《食品微生物检验(1)》教材配套使用。本书的目的是学生巩固食品微生物检验的基本知识与技能,培养学生分析和解决问题的能力。

本书共分为食品微生物检验应知训练、食品微生物检验应会基本技能训练、食品微生物检验应会检测技术三个模块。上海科技管理学校的龚漱玉老师负责编写模块一,王鸿老师负责编写模块二、三;上海贸易学校的陈瑞玲老师与上海质量检测站的张磊老师负责全书的审阅与成稿。

本书既可作为中高职贯通食品类专业的教材,也可以作为技能鉴定和岗位培训的资料。由于水平和时间有限,书中难免有不妥之处,敬请使用该教材的各位老师和同学提出宝贵意见,以使我们的教材得到充实和完善。

"食品营养与检测"中高职贯通一体化教材开发课题组成员

项目组组长　郭洪涛　王玉章

项目主持人　沈佳秋　韩如伟

项目组成员　薛鹏飞　曲春波　陈光华　陈庆华
　　　　　　王　鸿　朱　菁

目 录

安全守则

1. 进入实验室时工作衣、帽、鞋必须穿戴整齐。

2. 在进行高压、干燥、消毒等工作时，实验人员不得擅自离开现场，认真观察温度、时间，蒸馏易挥发、易燃液体时，不准直接加热，应置水浴锅上进行。

3. 严禁用口直接吸取药品和菌液，按无菌操作进行，如发生菌液、病原体溅出容器外时，应立即用有效消毒剂进行彻底消毒，安全处理后方能离开现场。

4. 实验完毕，两手用清水肥皂洗净，必要时可用（杀菌剂）新洁尔灭、过氧乙酸液浸泡手，然后用水冲洗，工作服应经常清洗，保持整洁，必要时高压消毒。

5. 实验完毕，及时清理现场和实验用具，对染菌带毒物品，进行消毒灭菌处理，并填写日常工作记录。

6. 每日实验结束，认真检查水、相关电源是否关闭和正在使用的设备运转是否正常，并认真记录。关好门窗，方可离去。

微生物检验总则

一、样品的采集

（一）采样目的

确保采集的样品能代表全部被检验的物质，使检验分析更具代表性。

（二）采样原则

1. 采集的样品要有代表性，采样时应首先对该批食品原料、加工、运输、贮藏方法条件、周围环境卫生状况等进行详细调查，检查是否有污染源存在，同时能反映全部被检食品的组成、质量和卫生状况。

2. 应设法保持样品原有微生物状况，在进行检验前不得被污染，不应发生变化。

3. 采样必须遵循无菌操作程序，容器必须灭菌，避免环境中微生物污染，容器不得使用煤酚皂溶液、新洁尔灭、酒精等消毒物灭菌，更不能含有此类消毒药物，以避免杀掉样品中的微生物，所用剪、刀、匙用具也需灭菌后方可使用。

（三）采样数量

取样数量的确定，应考虑分析项目的要求、分析方法的要求及被检物的均匀程度三个因素。样品应一式三份，分别供检验、复检及备查使用，每份样品数量一般不少于 200 g。

根据不同种类采样数量略有不同，实验室检验样品一般为 25 g。

（四）采样方法

1. 采取随机抽样的方式。

2. 直接食用的小包装食品，尽可能取原包装，直到检验前不要开封，以防污染。

3. 如为非冷藏易腐食品，应迅速将所采样品冷却至 0～4℃。

4. 不要使样品过度潮湿，以防食品中固有的细菌增殖。

5. 在将冷冻食品送到实验室前，要始终保持样品处于冷冻状态。样品一旦融化，不可使其再冻，保持冷却即可。

（五）样品的保存和运送

1. 样品采集完后，应迅速送往实验室检验，送检过程中一般不超过 3 h，如路程较远，可保存在 1～5℃环境中，如需冷冻者，则在冷冻状态下送检。

2. 冷冻样品应存放在 −15℃以下冰箱内；冷却和易腐食品应存放在 0～5℃冰箱或冷却库内；其他食品可放在常温冷暗处。

3. 运送冷冻和易腐食品应在包装容器内加适量的冷却剂或冷冻剂。保证途中样品不升温或不融化。

4. 待检样品存放时间一般不应超过 36 h。

二、检验样品的制备

(一)样品的全部制备过程均应遵循无菌操作程序。

(二)检验冷冻样品前应先使其融化。可在 0~4℃融化,时间不超过 18 h,也可在温度不超过 45℃的环境中融化,时间不超过 15 min。

(三)检验液体或半固体样品前应先将其充分摇匀。如容器已装满,可迅速翻转 25 次;如未装满,可于 7 s 内以 30 cm 的幅度摇动 25 次。从混样到检验间隔时间不应超过 3 min。

(四)开启样品包装前,先将表面擦干净,然后用 75% 乙醇溶液消毒开启部位及其周围。

1. 非黏性液体样品可用吸管吸取一定量,然后加入适量的稀释液或培养基,吸管插入样品内的深度不应超过 2.5 cm,也不得将吸有样品的吸管浸入稀释液或培养基内。

2. 黏性液体样品可用灭菌容器称取一定量,然后加入适量的稀释液或培养基。

3. 固体或半固体样品可用灭菌的均质杯称取一定量,再加适量的稀释液或培养基进行均质,从样品的均质到稀释和接种,相隔时间不应超过 15 min。

三、检验

(一)实验室收到样品后,首先进行外观检验,及时按照国家标准检验方法进行检验,检验过程中要认真、负责,严格进行无菌操作,避免环境中微生物污染。

(二)检验所使用的稀释液、试剂、培养基接触的一切器皿必须经过有效灭菌。

(三)实验室所用仪器、设备的性能应定期检查和校正。

(四)制备试剂和培养基所用的水,应为无离子水或用玻璃器皿蒸馏的蒸馏水。

(五)检验结束后,所有带菌的培养基、试剂、稀释液和器皿必须尽快灭菌和洗刷。清洗过的器皿不应残留洗涤剂的痕迹。

四、检验记录和结果的报告

(一)经检验的每份样品都应有完整的检验记录。样品检验过程中所用方法、出现的现象和结果等均要用文字写出检验记录,以作为对结果分析、判定的依据,记录要求详细、清楚、真实、客观,不得涂改和伪造。

(二)检验结束后,根据检验结果,及时填写检验报告书、签字并经负责人审核签字后发出。

五、实训内容

模块	项目	实训内容要求	学时
模块一 食品微生物检验应知训练	项目一 基础知识	知道微生物实验室安全知识	2
	项目二 常规器皿和仪器设备	知道微生物检验常用器皿的洗涤和保管方法;知道微生物检验常用仪器设备的使用和维护	4
	项目三 微生物检验检测技术	知道微生物学的基础知识、食品中微生物的污染及控制;知道微生物的基本检验方法;知道微生物中细菌菌落总数、大肠菌群、霉菌和酵母菌测定的具体方法	44
模块二 食品微生物检验应会基本技能训练	项目一 认识无菌室	知道无菌室的基本结构;会超净工作台和生物安全柜的使用方法;知道无菌室管理要求;会无菌室的灭菌方式	2
	项目二 灭菌设备的使用	知道灭菌技术的种类;知道灭菌设备的基本结构;会灭菌设备的使用方法;知道微生物检验用品的灭菌方式	2
	项目三 玻璃器皿的包扎及培养基的制备	知道玻璃器皿包扎的方法;知道制备培养基的基本方法和操作流程;会玻璃器皿的包扎;会培养基的配制	2
	项目四 认识无菌操作	知道无菌技术的主要内容;会无菌操作	2
	项目五 认识微生物接种、分离	知道微生物各种接种、分离方法;会正确接种、分离;能完成一定数量的微生物接种任务	2
	项目六 普通光学显微镜的使用	知道普通光学显微镜的结构、各部分功能及使用方法;知道油镜的工作原理和使用方法;会使用普通光学显微镜	2
	项目七 细菌大小、形态的观察	会观察各种细菌的形态;会使用测微尺测量细菌大小	2
	项目八 细菌的简单染色和革兰氏染色	知道染色的基本原理和操作过程;会简单染色和革兰氏染色;能熟练掌握显微镜的使用技术	2
	项目九 霉菌和酵母菌大小、形态的观察	会观察霉菌和酵母菌的形态及繁殖方式;能熟练运用测量方法测量霉菌和酵母菌大小	2

续表

模块	项目	实训内容要求	学时
模块三 食品微生物检验应会检测技术	项目一 细菌菌落总数测定	知道细菌总数检验的意义;知道国标法细菌菌落总数测定的流程;会样品稀释处理的方法和菌落总数计数的方法;会国标法测定菌落总数的方法和技能	6
	项目二 大肠菌群的测定	知道大肠菌群在食品卫生检验中的意义;知道大肠菌群检验的原理和检验过程;会大肠菌群检验,巩固无菌操作技术	6
	项目三 霉菌和酵母菌检验	知道测定霉菌和酵母菌的操作流程;会霉菌和酵母菌的测定,巩固无菌操作技术	6
	项目四 食品商业无菌检验	知道食品商业无菌检验的意义;会对食品进行商业无菌检验,并能对结果进行正确判断	6

模块一 食品微生物检验应知训练

项目一 基础知识

一、判断题

1. 无菌操作间应具备人净、物净的环境和设施,定期检测洁净度,使其环境符合洁净度要求。　　　　　　　　　　　　　　　　　　　　　　　　　　　　　　　（　　）

2. 实验室内禁止饮食、吸烟。　　　　　　　　　　　　　　　　　　　（　　）

3. 操作时所用的带菌材料,使用完后放在桌上或冲洗于水槽内。　　　（　　）

4. 被细菌污染后的吸管只需用水清洗干净就可以了。　　　　　　　　（　　）

5. 进行理化、微生物检验的样品,都应严格遵守无菌操作规程。　　　（　　）

二、选择题

1. 进入实验室应穿(　　),进入无菌室则换(　　)和(　　)。
（A）专用工作服,工作服,鞋帽　　　　　　（B）工作服,专用工作服,鞋帽
（C）自己的衣服,工作服,鞋帽　　　　　　（D）自己的衣服,专用工作服,鞋帽

2. 检验操作过程中,如操作台或地面污染,立即喷洒消毒液,待消毒液彻底浸泡(　　)后,进行清理。
（A）10 min　　　　（B）15 min　　　　（C）20 min　　　　（D）30 min

3. 每次操作结束后,立即用(　　)进行工作台面消毒。
（A）双氧水　　　　（B）次氯酸　　　　（C）75％乙醇　　　　（D）95％乙醇

4. 染菌后的吸管,使用后放入(　　)中,最少浸泡(　　),再经(　　)。
（A）5％石碳酸液,24 h,高压灭菌　　　　（B）1％石碳酸液,12 h,高压灭菌
（C）5％双氧水,24 h,高压灭菌　　　　　（D）1％双氧水,12 h,高压灭菌

5. 经微生物污染的培养物,必须经(　　)处理。
（A）巴氏消毒　　　　（B）煮沸消毒　　　　（C）高压灭菌　　　　（D）辐射灭菌

6. 微生物检验过程中,如污染物落在皮肤表面,应用(　　)处理。
（A）自来水　　　　（B）纯净水　　　　（C）消毒药水　　　　（D）无菌生理盐水

项目二　常规器皿和仪器设备

一、判断题

　　1. 电子恒温水浴锅在使用前要安装地线、接电源线。（　　）

　　2. 组织捣碎器主要由拍击仓和控制运动部件两部分组成。（　　）

　　3. 拍打器主要是由高速电动机、调速器、玻璃容器三大部分组成。（　　）

　　4. 在培养箱的培养架上放置实验样品时,尽可能地放满。（　　）

　　5. 首次使用或长期搁置恢复使用的培养箱,使用前应空载启动 6～8 h,期间闭启 2～3 次。（　　）

　　6. 培养箱除了可以培养微生物外,还可以培养含有易挥发性化学试剂、低浓度爆炸气体和低着火点气体的物品。（　　）

　　7. 显微镜观察的顺序是高倍镜—低倍镜—油镜。（　　）

　　8. 普通光学显微镜的工作性能主要取决于放大率,放大率越高,显微镜性能就越好。（　　）

　　9. 用显微镜观察细菌、酵母菌时,选用的目镜和物镜的放大倍数越小越好。（　　）

　　10. 显微镜放入箱内时,应使物镜、镜筒、目镜处于一条直线上。（　　）

　　11. 旋动显微镜的粗调节轮时,动作应轻缓。（　　）

　　12. 用显微镜观察细菌时,选用的目镜和物镜的放大倍数越大越好。（　　）

　　13. 用显微镜观察细菌时,选用的目镜和物镜的放大倍数越小越好。（　　）

　　14. 普通光学显微镜的工作性能主要取决于放大率,放大率越低,显微镜性能就越好。（　　）

　　15. 如使用目镜为 10X,物镜为 40X,则物像放大倍数为 40 倍。（　　）

　　16. 经高压蒸汽灭菌的无菌包、无菌容器有效期以一个月为宜。（　　）

　　17. 常用的电热恒温水浴锅有单孔、双孔、四孔、八孔等规格。（　　）

　　18. 电热恒温干燥箱一般由箱体、电热系统和自动恒温控制系统三部分组成。（　　）

　　19. 使用拍打器时,微生物样品称样后需加入稀释液一起拍打混匀。（　　）

　　20. 显微镜的构造:可分为光学系统和影像装置两大部分。（　　）

二、选择题

　　1. 水浴锅水位应该（　　）于电热管。

　　（A）低　　　　　　（B）持平　　　　　　（C）高　　　　　　（D）无所谓

　　2. 组织捣碎器每次旋转时间不宜超过（　　）。

　　（A）1 min　　　　（B）2 min　　　　　　（C）3 min　　　　（D）5 min

　　3. 拍打器每次运转时间不超过（　　）。

　　（A）10 min　　　（B）15 min　　　　　　（C）20 min　　　（D）25 min

　　4. 培养物不宜放在培养箱的（　　）。

　　（A）顶部　　　　　（B）中部　　　　　　（C）底部

　　5. 使用高压蒸汽灭菌锅进行灭菌时,下面操作中不正确的是（　　）。

（A）放入的物品应留有蒸汽流通的空间

（B）试管与液体培养基分开灭菌

（C）密闭容器,打开电源开关,加热至温度为121℃

（D）灭菌结束,待自然降到室温后开盖

6. 显微镜低倍镜的放大倍数和数值孔口径是（　　）。

（A）10×0.25　　　（B）3×0.5　　　（C）1×0.25　　　（D）5×0.25

7. 显微镜油镜的放大倍数和数值孔口径是（　　）。

（A）100×1.0　　　（B）50×1.25　　　（C）100×1.25　　　（D）100×0.25

8. 用显微镜检验已染色的标本最合适的亮度是（　　）。

（A）很强　　　　　（B）稍强　　　　　（C）很弱　　　　　（D）稍弱

9. 显微镜的构造有机械和光学部分,机械部分不包括下面的（　　）。

（A）镜座　　　　　（B）聚光器　　　　（C）升降调节器　　（D）反光镜

10. 显微镜对光时,如光线较弱或人工光源时,反光镜宜用（　　）镜。

（A）平面　　　　　（B）凹面　　　　　（C）凸面　　　　　（D）三棱

11. 使用显微镜时,动作要（　　）。

（A）轻、慢　　　　（B）轻、快　　　　（C）用力、迅速　　（D）用力、缓慢

12. 可通过（　　）来获得显微镜清晰明亮的视野。

（A）转动粗、细调节轮　　　　　　　　（B）转动目镜

（C）转动集光镜　　　　　　　　　　　（D）转动反光镜

13. 显微镜的（　　）应用绸布或擦镜纸擦拭。

（A）镜头　　　　　（B）反射镜　　　　（C）调节轮　　　　（D）虹彩光阑

14. 显微镜使用完毕后,油镜介质可用（　　）擦净。

（A）纱布　　　　　（B）餐巾纸　　　　（C）擦镜纸　　　　（D）吸水纸

15. 显微镜的构造有机械和光学部分,机械部分不包括下面的（　　）。

（A）镜座　　　　　（B）光圈　　　　　（C）升降调节器　　（D）反光镜

16. 测定显微镜系统的分辨率必须知道（　　）。

（A）目镜和物镜放大倍数　　　　　　　（B）聚光镜和光阑大小

（C）数值孔径和光波长　　　　　　　　（D）显微镜工作距离

17. 在使用显微镜油镜时,为了提高分辨力,通常在镜头和盖玻片之间滴加（　　）。

（A）二甲苯　　　　（B）水　　　　　　（C）香柏油　　　　（D）乙醚

18. 显微镜使用完毕后,油镜用擦镜纸蘸取少许（　　）擦去镜头上的残留油迹。

（A）二甲苯　　　　（B）水　　　　　　（C）香柏油　　　　（D）乙醚

19. 电热恒温水浴锅的使用步骤有下面(1)～(5)条：(1)关闭放水阀门,将水浴箱内注入清水至适当深度。(2)安接地线,接电源线。(3)顺时针调节调温旋钮到适当位置。(4)开启电源,红灯亮显示电阻丝通电加热。(5)电阻丝加热后温度计的指数上升到离预定温度约2℃时,应反向转动调温旋钮至红灯熄灭,此后红灯不断熄亮,表示温控在起作用,这时再略微调节调温旋钮即可达到预定温度。正确的操作顺序为（　　）。

（A）(1)(2)(3)(4)(5)　　　　　　　　（B）(1)(3)(4)(2)(5)

（C）(1)(2)(4)(5)(3)　　　　　　　　（D）(2)(3)(1)(4)(5)

20. （　　）不属于电热恒温干燥箱的组成部分。

（A）真空泵   （B）箱体

（C）电热系统   （D）自动恒温控制系统

21. 在培养箱使用过程中,（   ）操作是不正确的。

（A）箱内不应放入过热或过冷之物,以免箱内温度急剧变化

（B）取放物品时,应随手关闭箱门,以保持恒温

（C）放置时各培养皿之间应保持适当间隔

（D）长期搁置恢复使用时,打开电源开关即可使用

22. 培养箱是进行食品中（   ）检测的主要仪器。

（A）微生物   （B）理化分析   （C）农药残留   （D）重金属

23. 高压蒸汽灭菌锅的种类有（   ）。

（A）滚筒式和直立式   （B）卧式和躺式

（C）卧式和直立式   （D）躺式和滚筒式

24. 在高压蒸汽灭菌锅使用过程中,（   ）操作是不正确的。

（A）灭菌结束后,先切断电源,然后将排气阀打开,迅速排气

（B）无菌包不宜过大、过紧

（C）灭菌的压力和时间的选择,视具体灭菌物而定

（D）布类物品应放在金属包装材料内灭菌

25. 观察显微镜油镜时,应在待观察的样品区域滴加（   ）。

（A）香柏油   （B）异丙醇   （C）丙三醇   （D）桐油

项目三　微生物检验检测技术

第一套测试题

一、判断题

1. 微生物是一群个体微小、结构复杂、用肉眼难以看到、必须借助光学显微镜或电子显微镜才能看清的低等微小生物的总称。　　　　　　　　　　（　　）

2. 微生物可分为细菌、放线菌、霉菌和酵母菌四大类。　　　　　　（　　）

3. 放线菌菌丝的外形,也有孢子丝,所以也属于真核微生物。　　　（　　）

4. 细菌被认为是原核微生物,因为它们只有原始的核物质,没有核膜与核仁的分化。
　　　　　　　　　　　　　　　　　　　　　　　　　　　　　（　　）

5. 病毒被认为是原核微生物,因为它们具备全部原核微生物的特征。（　　）

6. 原核微生物的主要特征是细胞内无核。　　　　　　　　　　　　（　　）

7. 病毒绝大多数由核酸和蛋白质组成。　　　　　　　　　　　　　（　　）

8. 相对体积而言,微生物表面积大,这非常有利于微生物通过体表吸收营养和排泄物质。
　　　　　　　　　　　　　　　　　　　　　　　　　　　　　（　　）

9. 微生物的特点有：结构简单,体积小;培养易,繁殖快;适应强,易变异;种类多,分布广。
　　　　　　　　　　　　　　　　　　　　　　　　　　　　　（　　）

10. 细菌是单细胞或多细胞原核微生物。　　　　　　　　　　　　（　　）

11. 细菌的基本形态可分为球状、弧状、杆状。　　　　　　　　　（　　）

12. 微生物细胞大小常以 nm 为单位。　　　　　　　　　　　　　（　　）

13. 细菌的基本结构不包括鞭毛。　　　　　　　　　　　　　　　（　　）

14. 所有的细菌都有芽孢、荚膜和鞭毛。　　　　　　　　　　　　（　　）

15. 细菌在不同生长条件下,形态可能有变化。　　　　　　　　　（　　）

16. 细胞膜是具有选择性的半透膜,主要功能为维持细胞外形,并使细胞免受机械损伤和渗透压的破坏。　　　　　　　　　　　　　　　　　　　　　　（　　）

17. 细胞质是细胞新陈代谢的主要场所。　　　　　　　　　　　　（　　）

18. 核质体主要成分是 RNA,用于存储、传递和调控遗传信息。　　（　　）

19. 细菌芽孢的生成是细菌繁殖的表现。　　　　　　　　　　　　（　　）

20. 芽孢是芽孢杆菌的繁殖器官。　　　　　　　　　　　　　　　（　　）

21. 荚膜有高度的耐热性和抵抗不良环境的能力,能增强病原菌的致病力。（　　）

22. 微生物失去荚膜不能生存。　　　　　　　　　　　　　　　　（　　）

23. 根据细胞壁结构的区别,可将细菌分为革兰氏阳性菌和革兰氏阴性菌。（　　）

24. 酵母菌以卵圆形的形态存在。　　　　　　　　　　　　　　　（　　）

25. 酵母菌是单细胞的原核微生物。　　　　　　　　　　　　　　（　　）

26. 霉菌的繁殖方式有有性和无性两种。　　　　　　　　　　　　（　　）

27. 酵母菌以出芽为主要繁殖方式。　　　　　　　　　　　　　　（　　）

28. 酵母菌无性繁殖常见的方式是裂殖。 （　　）
29. 酵母菌有性繁殖是以形成子囊和子囊孢子的方式进行繁殖。 （　　）
30. 根据有无隔膜,霉菌菌丝可分为无隔菌丝和有隔菌丝。 （　　）
31. 酵母菌的菌落类似于霉菌菌落。 （　　）
32. 鞭毛作为灭菌指标,在食品生产中有很重要的实践意义。 （　　）
33. 酵母菌主要分布在含盐量较低的偏碱性环境中。 （　　）
34. 霉菌主要在干燥的环境中大量生长繁殖,是一类腐生或寄生的微生物。 （　　）
35. 细菌在自然界中数量最多,分布最广。 （　　）
36. 所有真菌的菌落表面干燥,呈绒毛状。 （　　）
37. 不同微生物的化学组成是一样的。 （　　）
38. 酵母菌是单细胞结构的生物,呈圆形或椭圆形。 （　　）
39. 一般细菌每隔 30～40 min 即可分裂一次。 （　　）
40. 微生物在其体外有一保护层,可提高自己对外界环境的抵抗能力。 （　　）
41. 具有荚膜的肺炎双球菌其毒力强。 （　　）
42. 食用前将食品充分加热可以防止一些食物中毒的发生。 （　　）
43. 细菌在不利生长条件下,形态可能有变化。 （　　）
44. 根据细菌所含 DNA 不同,可以将细菌分为革兰氏阴性菌和革兰氏阳性菌两大类。
（　　）
45. 所有细菌仅需要 20～30 min 即可繁殖一代。 （　　）
46. 菌落是指一群细菌在固体培养基表面繁殖形成肉眼可见的集团。 （　　）
47. 大肠杆菌是食品和饮用水卫生检验的指示菌。 （　　）
48. 真菌进化程度高于细菌,所以真菌多为真核的微生物。 （　　）
49. 在微生物中,只有霉菌才能以菌丝体的形式进行生长。 （　　）
50. 酵母菌是一种多细胞的微生物。 （　　）
51. 霉菌主要通过产生各种有性孢子进行繁殖。 （　　）
52. 在固体培养基上生长时,霉菌的菌落较大,比较湿润黏稠,不透明,呈现或紧或松的蜘蛛网状、绒毛状或棉絮状。 （　　）
53. 霉菌往往在干燥的环境中大量生长繁殖,有较强的陆生性。 （　　）
54. 葡聚糖和甘露聚糖是酵母菌细胞壁的主要成分。 （　　）

二、选择题

1. 下列微生物中,属于原核微生物的一组是(　　)。
（A）细菌,霉菌　　（B）酵母菌,放线菌　（C）细菌,放线菌　　（D）霉菌,酵母菌
2. 下列微生物中,属于真核微生物的一组是(　　)。
（A）放线菌,霉菌　　（B）霉菌,酵母菌　　（C）细菌,放线菌　　（D）酵母菌,细菌
3. 下列属于非细胞形态的微生物是(　　)。
（A）病毒　　　　　（B）细菌　　　　　（C）藻类　　　　　（D）原生动物
4. 下列生物不属于微生物的有(　　)。
（A）真菌　　　　　（B）病毒　　　　　（C）寄生虫　　　　（D）细菌

5. 下列有关微生物的描述中错误的是(　　)。

(A) 病毒的核酸类型为 DNA 或 RNA　　　(B) 细菌属于原核微生物

(C) 真菌属于原核微生物　　　(D) 放线菌属于原核微生物

6. 病毒是由蛋白质和(　　)组成的。

(A) 核酸　　　(B) 水　　　(C) 脂肪　　　(D) 细胞器

7. 微生物个体微小,一般以 μm 或 nm 为单位来表示其大小,体现了微生物的特点是(　　)。

(A) 结构简单,体积小　　　(B) 培养易,繁殖快

(C) 适应强,易变异　　　(D) 种类多,分布广

8. 微生物对外界环境条件的适应能力很强,善于随机应变,而使自己得到保存,并且具有极高的生长和繁殖速度,体现了微生物的特点是(　　)。

(A) 结构简单,体积小　　　(B) 培养易,繁殖快

(C) 适应强,易变异　　　(D) 种类多,分布广

9. 目前已发现约有 15 万种微生物,在土壤、空气、水体、动植物组织及人体内,甚至在极端环境中,都存在着微生物,体现了微生物的特点是(　　)。

(A) 结构简单,体积小　　　(B) 培养易,繁殖快

(C) 适应强,易变异　　　(D) 种类多,分布广

10. 在自然界,属于微生物的有真菌界、(　　)、原核生物界和病毒界。

(A) 动物界　　　(B) 植物界　　　(C) 昆虫界　　　(D) 原生生物界

11. 食品微生物学是微生物学的一个分支学科,它是专门研究微生物与(　　)之间相互关系的综合性学科。

(A) 食品　　　(B) 药品　　　(C) 化妆品　　　(D) 果汁

12. 细菌繁殖的主要方式是(　　)。

(A) 二分裂　　　(B) 产生荚膜　　　(C) 产生芽孢　　　(D) 产生鞭毛

13. 细菌的基本形态除了球形、杆形,还有(　　)。

(A) 螺旋形　　　(B) 长杆形　　　(C) 双球形　　　(D) 短杆形

14. 细菌主要繁殖方式为(　　)。

(A) 增殖　　　(B) 芽殖　　　(C) 裂殖　　　(D) 孢子生殖

15. 细菌是(　　)原核微生物。

(A) 多细胞　　　(B) 单细胞　　　(C) 单细胞或多细胞　(D) 以上都不是

16. 细菌的形态,最常见的是(　　)。

(A) 球菌　　　(B) 杆菌　　　(C) 螺旋菌　　　(D) 弧菌

17. 杆菌按其细胞的长宽比及排列方式可分为长杆菌、短杆菌、棒杆菌和(　　)。

(A) 链杆菌　　　(B) 不动杆菌　　　(C) 产碱杆菌　　　(D) 芽孢杆菌

18. 螺旋菌按其弯曲程度不同可分为螺菌、螺旋体和(　　)。

(A) 半弧菌　　　(B) 弧菌　　　(C) 霍乱弧菌　　　(D) 幽门螺杆菌

19. 螺旋一周或多周,外形坚挺的称(　　)。

(A) 弧菌　　　(B) 螺旋体　　　(C) 螺菌

20. 螺旋在 6 周以上,柔软易曲的称(　　)。

(A) 弧菌　　　(B) 螺旋体　　　(C) 螺菌

21. 螺旋不到一周的称（　　）。
(A) 弧菌　　　　　(B) 螺旋体　　　　　(C) 螺菌

22. 细菌细胞的大小，必须用（　　）才能观察清楚。
(A) 低倍镜　　　　(B) 高倍镜　　　　　(C) 油镜　　　　　(D) 放大镜

23. 细菌细胞壁的最主要成分是（　　）。
(A) 脂质　　　　　(B) 蛋白质　　　　　(C) 糖类　　　　　(D) 脂蛋白
(E) 肽聚糖

24. 下列各组中属于细胞特殊结构的是（　　）。
(A) 细胞壁，荚膜，鞭毛　　　　　　　(B) 细胞质，鞭毛，芽孢
(C) 细胞膜，荚膜，芽孢　　　　　　　(D) 荚膜，芽孢，鞭毛

25. 细菌的特殊结构包括（　　）。
(A) 细胞壁　　　　(B) 细胞膜　　　　　(C) 芽孢　　　　　(D) 细胞质

26. 细菌的基本结构不包括（　　）。
(A) 细胞壁　　　　(B) 细胞膜　　　　　(C) 鞭毛　　　　　(D) 细胞质

27. 下列不属于细菌特殊结构的是（　　）。
(A) 荚膜　　　　　(B) 细胞质　　　　　(C) 鞭毛　　　　　(D) 芽孢

28. 下列不属于细菌细胞基本结构的是（　　）。
(A) 鞭毛　　　　　(B) 核质体　　　　　(C) 细胞膜　　　　(D) 核糖体

29. 决定细菌细胞形状的是（　　）。
(A) 细胞膜　　　　(B) 细胞核　　　　　(C) 细胞质　　　　(D) 细胞壁

30. （　　）是鞭毛运动的必需条件。
(A) 细胞膜　　　　(B) 细胞核　　　　　(C) 细胞质　　　　(D) 细胞壁

31. 细胞膜的主要成分是蛋白质、多糖和（　　）。
(A) 磷脂　　　　　(B) 肽聚糖　　　　　(C) 多肽　　　　　(D) 酶

32. 核质体的主要功能是（　　）。
(A) 存储、复制和调控遗传信息　　　　(B) 提供水分和营养
(C) 许多酶系统的主要活动场所　　　　(D) 存储、传递和调控遗传信息

33. 鞭毛是细菌的（　　）器。
(A) 捕食　　　　　(B) 呼吸　　　　　　(C) 性　　　　　　(D) 运动

34. 鞭毛的主要功能是（　　）。
(A) 与细菌的结合有关　　　　　　　　(B) 与细菌的运动有关
(C) 与细菌的分裂繁殖有关　　　　　　(D) 与细菌的染色体有关

35. 芽孢是细菌产生的（　　）。
(A) 繁殖体　　　　(B) 休眠体　　　　　(C) 养料库　　　　(D) 运动体

36. 细菌鞭毛的最主要成分是（　　）。
(A) 脂质　　　　　(B) 蛋白质　　　　　(C) 糖类　　　　　(D) 肽聚糖

37. 荚膜的化学成分为（　　）。
(A) 多糖和多肽　　(B) 多糖和核酸　　　(C) 肽聚糖和核酸　(D) 核酸和多肽

38. 有鞭毛微生物的菌落特征是（　　）。
(A) 菌落边缘不规则　(B) 菌落边缘整齐　　(C) 菌落表面干燥　(D) 菌落表面透明

39. 有芽孢微生物的菌落特征是( )。
(A) 菌落边缘不规则 (B) 菌落边缘整齐 (C) 菌落表面干燥 (D) 菌落表面透明

40. 有荚膜微生物的菌落特征是( )。
(A) 菌落边缘不规则
(B) 菌落边缘整齐
(C) 菌落表面干燥
(D) 菌落表面透明黏稠

41. 单个细菌在固体培养基上生长出来的是( )。
(A) 沉淀 (B) 菌团 (C) 菌体 (D) 菌落

42. 单个细菌在液体培养基上生长会产生( )。
(A) 浑浊 (B) 菌团 (C) 菌体 (D) 菌落

43. 霉菌个体细胞的形态特征是( )。
(A) 子实体 (B) 孢子 (C) 菌丝体 (D) 芽体

44. 霉菌属于( )微生物。
(A) 单细胞 (B) 多细胞 (C) 单细胞和多细胞 (D) 以上都不是

45. 多数霉菌细胞壁的主要成分为( )。
(A) 纤维素
(B) 几丁质
(C) 肽聚糖
(D) 葡聚糖和甘露聚糖

46. 葡聚糖和甘露聚糖是( )细胞壁的主要成分。
(A) 细菌 (B) 酵母菌 (C) 霉菌 (D) 病毒

47. 下列有关微生物的描述中错误的是( )。
(A) 具有致病性的微生物称为病原微生物
(B) 绝大多数微生物对人类和动、植物是有益的
(C) 真菌具有核膜和核仁
(D) 以上都不是

48. 真菌是一类具有细胞壁,不含( ),无根、茎、叶分化,由单细胞和多细胞组成的真核微生物。
(A) 纤维素 (B) 叶绿素 (C) 多糖 (D) 以上都是

49. 酵母菌属于( )微生物。
(A) 单细胞 (B) 多细胞 (C) 单细胞和多细胞 (D) 以上都不是

50. 真菌繁殖的主要特征是( )。
(A) 壁分隔 (B) 孢子 (C) 细胞壁结构 (D) 营养类型

51. 酵母菌的大小是( )。
(A) 5 μm (B) 5 nm (C) 5 mm (D) 5 cm

52. 酵母菌的细胞结构中没有( )。
(A) 细胞壁 (B) 细胞膜 (C) 细胞核 (D) 鞭毛

53. 腌菜,酸泡菜是由( )发酵制成的。
(A) 乳酸菌 (B) 霉菌 (C) 酵母菌 (D) 细菌

54. 以芽殖为主要繁殖方式的微生物是( )。
(A) 细菌 (B) 酵母菌 (C) 霉菌 (D) 病毒

55. 一般在微生物学实验和食品加工生产中的灭菌指标的确定,往往是以完全杀死所有的( )为准则。

(A) 荚膜   (B) 鞭毛   (C) 芽孢   (D) 孢子

56. 酵母菌的细胞结构中没有( )。

(A) 细胞膜   (B) 鞭毛   (C) 液泡   (D) 线粒体

57. 肺炎双球菌的荚膜可以抵抗( )的吞噬。

(A) 病毒   (B) 白细胞   (C) 红细胞   (D) 噬菌体

58. 细菌的芽孢、放线菌的分生孢子、真菌的各种孢子等会形成( ),所以具有抵抗不良环境的能力。

(A) 繁殖体   (B) 营养体   (C) 休眠体   (D) 菌丝体

59. 蓝细菌、支原体、衣原体及立克次氏体属于( )。

(A) 非细胞型微生物 (B) 真核微生物   (C) 原核微生物   (D) 以上都不是

60. 下列有关微生物的描述中错误的是( )。

(A) 病毒的核酸类型为 DNA 或 RNA   (B) 细菌属于原核细胞型微生物

(C) 真菌属于原核细胞型微生物   (D) 放线菌属于原核细胞型微生物

61. 微生物与动、植物相比,除分布广、易变异的特点外还具有( )。

(A) 繁殖快   (B) 食谱杂

(C) 表面积小   (D) 个体都在 nm 大小

62. 微生物是一群( )的低等生物的总称。

(A) 体形微小、构造简单   (B) 体形巨大、构造简单

(C) 体形微小、构造复杂   (D) 体形巨大、构造复杂

63. 与食品关系密切的微生物类群主要是( )。

(A) 细菌   (B) 酵母菌   (C) 霉菌   (D) 放线菌

64. 一部分微生物与人类形成共生的关系,在自然界达到( )。

(A) 动态平衡   (B) 数量增多   (C) 生态平衡   (D) 数量减少

65. 影响食品安全的主要因素除了化学性污染、物理性污染,还有( )。

(A) 土壤污染   (B) 水源污染   (C) 空气污染   (D) 生物性污染

66. 细菌属于原核细胞型微生物的理由是( )。

(A) 简单的二分裂方式繁殖   (B) 单细胞生物

(C) 较其他生物小得多   (D) 核外无核膜包裹,核内无核仁

67. ( )不属于非细胞型微生物的结构成分。

(A) DNA   (B) RNA   (C) 脂肪   (D) 蛋白质

68. 用 nm 作为度量单位的微生物是( )。

(A) 病毒   (B) 霉菌   (C) 酵母菌   (D) 细菌

69. 食品微生物检验的目的就是要为生产出安全、卫生、( )的食品提供科学依据。

(A) 美观   (B) 美味   (C) 符合标准   (D) 营养丰富

70. 由微生物引起食品变质的基本条件是食品特性、环境条件以及( )。

(A) 人员因素   (B) 加工因素

(C) 微生物的种类及数量   (D) 以上都是

71. 螺旋菌按其弯曲程度不同分为螺菌、( )和螺旋体。

(A) 长杆菌   (B) 短杆菌   (C) 球菌   (D) 弧菌

72. 细菌的基本形态是球菌、杆菌和( )。

(A) 葡萄球菌   (B) 放线菌   (C) 螺旋菌   (D) 芽孢菌

73. 细菌的细胞结构必须用光学显微镜的（　　）才能观察清楚。

(A) 低倍镜   (B) 高倍镜   (C) 油镜   (D) 聚光镜

74. 球菌的直径一般约在（　　）之间。

(A) $(0.5\sim2)$nm   (B) $(0.5\sim2)\mu$m   (C) $(0.5\sim2)$mm   (D) $(0.5\sim2)$cm

75. 细菌细胞壁的主要成分是（　　）。

(A) 蛋白质   (B) 磷脂   (C) 几丁质   (D) 肽聚糖

76. 细胞膜的主要功能是控制细胞内外的一些物质的（　　）。

(A) 存储遗传信息   (B) 交换渗透   (C) 传递遗传信息   (D) 维持细胞外形

77. 因为（　　），所以芽孢不是细胞的繁殖体。

(A) 绝大多数产生芽孢的细菌为革兰氏阴性细菌

(B) 不是所有的细菌都产生芽孢

(C) 芽孢只在体外产生

(D) 一个芽孢发芽只能生成一个菌体

78. 细菌芽孢内的耐热性物质是（　　）。

(A) 二氨基庚二酸   (B) N-乙酰胞壁酸   (C) β-羟基丁酸   (D) 2,6-吡啶二羧酸

79. 细菌常以（　　）进行繁殖。

(A) 断裂增殖   (B) 二分裂法   (C) 通过孢子   (D) 通过芽孢

80. 细菌与其他生物相比,繁殖速度快。这主要是因为（　　）,有利于与外界进行物质交换。

(A) 食谱杂、分布广   (B) 体积小、表面积大

(C) 结构简单、种类多   (D) 适应强、易变异

81. 有芽孢的细菌菌落表面表现为（　　）。

(A) 湿润透明   (B) 湿润光滑   (C) 干燥皱折   (D) 隆起皱折

82. 细胞在液体培养基中,不会出现的现象是（　　）。

(A) 使培养基浑浊   (B) 在液体表面形成膜

(C) 可能形成菌落   (D) 出现沉淀

83. 在自然界中,微生物种类繁多,其中（　　）分布最广。

(A) 真菌   (B) 霉菌   (C) 细菌   (D) 病毒

84. 真菌没有叶绿素,因而不能利用（　　）通过光合作用来制造食物,靠寄生或腐生生存。

(A) 脂质   (B) 蛋白质   (C) 有机物   (D) 无机物

85. 从生物学的观点来看,（　　）不属于真菌的特点。

(A) 没有叶绿素   (B) 没有完整的细胞核构造

(C) 无根、茎、叶分化   (D) 能通过有性或无性繁殖

86. 酵母菌的基本形态为（　　）。

(A) 卵形   (B) 杆型   (C) 方形   (D) 弧形

87. 酵母菌和霉菌通常生长在（　　）。

(A) 室温下   (B) 37℃   (C) 55℃   (D) 以上都不是

88. 霉菌菌丝由分支或（　　）的菌丝组成。

（A）不分裂　　　　（B）不分支　　　　（C）分裂　　　　（D）分离

89. 霉菌菌丝分为无隔膜和有(　　)两种。

（A）荚膜　　　　（B）菌膜　　　　（C）细胞膜　　　　（D）隔膜

90. 酵母菌的繁殖方法主要是(　　)。

（A）孢子　　　　（B）断裂增殖　　　　（C）二分裂法　　　　（D）芽殖

91. 霉菌的繁殖方式多样,但(　　)不属于霉菌的繁殖方法。

（A）断裂增殖　　　　（B）有性孢子　　　　（C）芽殖　　　　（D）无性孢子

92. 酵母菌在液体培养基中生长时,(　　)是不应该出现的现象。

（A）变浑浊　　　　（B）不同色泽　　　　（C）产生沉淀　　　　（D）形成菌膜

93. 酵母菌比较不易在(　　)中生长繁殖。

（A）水果　　　　（B）蜜饯　　　　（C）蔬菜　　　　（D）肉类

94. 微生物常会引起食物变质,但(　　)在传统发酵及近代发酵工业中起着积极的作用。

（A）细菌　　　　（B）蓝细菌　　　　（C）霉菌　　　　（D）放线菌

95. 下列可以形成芽孢的细菌是(　　)。

（A）梭菌　　　　（B）大肠杆菌　　　　（C）蓝细菌　　　　（D）葡萄球菌

96. 下列微生物中,属于真核微生物的是(　　)。

（A）根瘤菌　　　　（B）大肠杆菌　　　　（C）酵母菌　　　　（D）苏云金芽孢杆菌

97. 磷壁酸存在于其细胞壁的微生物是(　　)。

（A）真菌　　　　　　　　　　　　（B）革兰氏阳性菌

（C）革兰氏阴性菌　　　　　　　　（D）大肠杆菌

98. 下列不属于真菌的有性孢子的是(　　)。

（A）分生孢子　　　　（B）芽孢　　　　（C）子囊孢子　　　　（D）厚垣孢子

99. 下列属于细菌繁殖方式的是(　　)。

（A）芽殖　　　　（B）裂殖　　　　（C）有性繁殖　　　　（D）营养繁殖

第二套测试题

一、判断题

1. 无机盐是微生物生命活动不可缺少的物质,作为自养菌的能源可以调节体温。 （　　）
2. 生长因子是微生物生长必需的营养元素。 （　　）
3. 碳源是构成微生物细胞的主要物质,是光能自养型微生物的能量来源。 （　　）
4. 蛋白胨是供给微生物碳源的营养物质。 （　　）
5. 水是营养物质和代谢产物的良好溶剂,并且参与细胞中各种生物化学反应。 （　　）
6. 以氧化有机物获得能量的微生物属于化能型。 （　　）
7. 大多数微生物属于化能有机自养型。 （　　）
8. 根据微生物利用有机物的方式不同可将其分为腐生和寄生两大类。 （　　）
9. 能够以无生命的有机物质作为营养的称为寄生菌。 （　　）
10. 能够以有生命的有机物质作为营养的称为腐生菌。 （　　）
11. 大部分微生物不能利用纯粹的蛋白质,必须由蛋白酶把它分解为简单的产物。

（　　）

12. 霉菌不产生毒素。 （　　）
13. 内毒素存于细胞壁的外层,是细菌细胞壁的组成成分。 （　　）
14. 内毒素是细胞壁的组成部分,毒力较强,但对热敏感,容易受到破坏。 （　　）
15. 毒素有真菌毒素和细菌毒素,细菌毒素又可分为外毒素和内毒素。 （　　）
16. 产生外毒素的细菌主要是革兰氏阳性菌。 （　　）
17. 内毒素由革兰氏阴性菌产生。 （　　）
18. 外毒素的主要化学成分是磷脂。 （　　）
19. 内毒素的主要化学成分是蛋白质。 （　　）
20. 微生物处于延迟期时,一般不会立即繁殖,细胞数目几乎保持不变,甚至稍有减少。

（　　）

21. 氧气对专性厌氧微生物具有毒害作用。 （　　）
22. 大多数微生物适宜在高渗透压的食物中生长。 （　　）
23. 根据最适宜生长温度的不同,可以将微生物分为需氧微生物和厌氧微生物。 （　　）
24. 微生物对高温和低温的敏感性一样,一旦在最低温度以下或最高温度以上时,它们都立即死亡。 （　　）
25. 微生物按照其最适生长温度的不同,可以分为低温微生物、中温微生物、高温微生物。

（　　）

26. 大多数微生物喜欢生活在 pH 接近 8.0 的环境中。 （　　）
27. 低温型微生物最适生长温度在 5～20℃。 （　　）
28. 微生物的最适生长温度是指不会引起菌体死亡的温度。 （　　）
29. 凡是生活中不需要氧的微生物称为厌氧微生物。 （　　）
30. 凡是生活中需要氧的微生物称为需氧微生物。 （　　）
31. 凡在有氧或无氧的情况下都能生活的微生物称为微需氧型微生物。 （　　）

32. 凡是需要氧气,但只在 0.2 大气压下生长最好的微生物为兼性厌氧微生物。　　（　　）

33. 大肠杆菌、乳酸菌属于厌氧型微生物。　　（　　）

34. 梭状芽孢杆菌、双歧杆菌属于兼性厌氧微生物。　　（　　）

35. 兼性厌氧微生物在有氧时进行有氧呼吸,产生酒精和二氧化碳。　　（　　）

36. 兼性厌氧微生物在无氧的条件下进行发酵作用,产生水和二氧化碳。　　（　　）

37. 食品的存在状态好坏是影响食品腐败变质的因素之一。　　（　　）

38. 微生物在食品中生长繁殖利用的是游离水,因而微生物在食品中的生长繁殖所需的水取决于总含水量。　　（　　）

39. 水分活度在 0.6 以下,是食品安全储藏的防霉含水量。　　（　　）

40. 在 0℃以下和 45℃以上的环境中,微生物不能生长。　　（　　）

41. 微生物营养物质中氮源的功能是:提供氮素来源和能量来源。　　（　　）

42. 微生物吸收营养物质,单纯扩散是利用浓度差,从浓度低的向浓度高的进行扩散。　　（　　）

43. 微生物培养基中需含有碳源、氮源、无机盐、生长因子和水分等五种营养物质。　　（　　）

44. 微生物在生命活动中需要的能量主要是通过生物氧化而获得。　　（　　）

45. 微生物的分解代谢就是将复杂的大分子物质降解成小分子的可溶性物质。　　（　　）

46. 微生物的酶具有特殊的催化能力。可以在发酵工艺上利用任何一种酶来进行生产。　　（　　）

47. 细菌生长达到稳定期,群体生长速度等于零,细菌停止生长。　　（　　）

48. 不断加温,可以加快细菌的生物化学反应速率和细菌的生长速度。　　（　　）

49. 食品的主要营养成分各不相同,造成腐败变质的微生物却基本相同。　　（　　）

50. 根据食品 pH 范围,可将食品划分为酸性食品和碱性食品。　　（　　）

51. 结合水是以物理引力吸附在大分子物质上,不能作为溶剂或参与化学反应,因此也不能被微生物利用。　　（　　）

52. 微生物有嗜冷、嗜温、嗜热型,而每一种微生物又各有其最适宜生长的温度范围。　　（　　）

53. 渗透压与微生物的生命活动有一定的关系。少数的耐盐菌、嗜盐菌、耐糖菌、嗜糖菌可在多糖或多盐的食品中生存。　　（　　）

54. 水在食品加工中是不可缺少的,水源或输水管道、水箱发生污染,有可能造成食品的微生物污染蔓延。　　（　　）

55. 空气的含菌量与空气的含尘量显非线性关系。　　（　　）

56. 用于盛放易腐败食品的容器,不经清洗和消毒而连续使用,很容易引起食品的交叉污染。　　（　　）

57. 在食品加工过程中,微生物的数量一般出现明显的上升趋势。　　（　　）

58. 食品被产毒霉菌株污染,就能检测出霉菌毒素。　　（　　）

59. 快速风干比缓慢风干对防止产生黄曲霉毒素有利。　　（　　）

二、选择题

1. 真核微生物营养类型属于（　　　　）。

(A) 光能无机自养　　(B) 光能有机异养　　(C) 化能无机自养　　(D) 化能有机异养

2. 细菌生长繁殖中需营养物质，其中铵盐、硝酸盐、蛋白胨等属于（　　）。

(A) 碳源　　　　　(B) 氮源　　　　　(C) 无机盐类　　　　(D) 维生素类

(E) 生长因素类

3. 按微生物营养类型划分，多数微生物属于（　　）。

(A) 光能无机自养　　(B) 光能有机异养　　(C) 化能无机自养　　(D) 化能有机异养

4. 无机盐是微生物生命活动不可缺少的物质，下列选项中不属于它们功能的是（　　）。

(A) 作为自养菌的能源　　　　　　　(B) 调节体温

(C) 构成菌体成分　　　　　　　　　(D) 作为酶的组成成分或激活剂

5. 以氧化有机物获得能量的微生物属于（　　）。

(A) 异养型　　　(B) 兼性自养型　　　(C) 自养型　　　　(D) 化能型

6. （　　）是微生物吸收营养物质的主要方式。

(A) 单纯扩散　　　(B) 促进扩散　　　(C) 主动运输　　　(D) 基团移位

7. 水在微生物中有重要功能，下列选项中不属于这些功能的是（　　）。

(A) 调节体温　　　(B) 直接参与代谢　　　(C) 作为能源　　　(D) 作为溶剂

8. 细菌对糖的分解是将多糖分解成丙酮酸。需氧菌则经过（　　）过程，进一步将丙酮酸分解成 H_2O 和 CO_2。

(A) 发酵　　　(B) 氧化　　　(C) 三羧酸循环　　　(D) EP 途径

9. 在氧化过程中产生的能量分段释放，通过（　　）作用以高能键的形式储藏在 ATP 分子内，成为生物利用的能量。

(A) 发酵　　　(B) 氧化　　　(C) 磷酸化　　　(D) EP 途径

10. （　　）是新陈代谢中的核心问题。

(A) 糖的代谢　　　(B) 蛋白质的代谢　　　(C) 脂质代谢　　　(D) 能量代谢

11. 微生物在生命活动中需要的能量主要通过（　　）而获得。

(A) 生物氧化　　　(B) 磷酸化　　　(C) 三羧酸循环　　　(D) 发酵

12. 微生物的代谢反应离不开（　　）的调节作用。

(A) 酶系　　　(B) pH　　　(C) 核酸　　　(D) 蛋白酶

13. 产生外毒素的细菌是（　　）。

(A) 所有的 G^+ 菌　　　　　　　　(B) 所有的 G^- 菌

(C) 大多数 G^+ 和少数 G^- 菌　　　(D) 大多数 G^- 菌和少数 G^+ 菌

(E) 少数 G^+ 菌和少数 G^- 菌

14. 下列产生外毒素的细菌是（　　）。

(A) 沙门氏菌　　　　　　　　　　(B) 大肠杆菌

(C) 金黄色葡萄球菌　　　　　　　　(D) 霉菌

15. 细菌生长曲线共分四个阶段，按时间先后排序正确的是（　　）。

(A) 延迟期，稳定期，衰亡期，对数期　　(B) 对数期，衰亡期，稳定期，延迟期

(C) 延迟期，对数期，稳定期，衰亡期　　(D) 衰亡期，对数期，延迟期，稳定期

16. 在细菌生长曲线中细菌增加最快的是（　　）。

(A) 延迟期　　　(B) 对数期　　　(C) 稳定期　　　(D) 衰亡期

17. 下列有关细菌生长处于稳定期特点的描述中错误的是（　　）。

（A）细胞净增量趋于零 　　　　　　　（B）整个微生物处于动态平衡
（C）微生物不进行新的繁殖 　　　　　（D）细胞的增殖量与死亡数几乎相等

18. 细菌生长曲线中,第一阶段是(　　　)。
（A）延迟期 　　　（B）稳定期 　　　（C）衰亡期 　　　（D）对数期

19. 下列关于细菌生长曲线对数期特点的描述中错误的是(　　　)。
（A）它是生长曲线的第二阶段
（B）处于该阶段的微生物的净增速度最快,甚至以几何级数增加
（C）在此阶段,细胞代谢最旺盛
（D）微生物中没有死亡的细胞

20. 下列关于细菌衰亡期特点的描述中错误的是(　　　)。
（A）细胞数以几何级数下降 　　　　　（B）微生物不再繁殖
（C）群体中活细胞数目急剧下降 　　　（D）细胞死亡数大于增殖数

21. 细菌群体生长繁殖过程,包括(　　　)阶段。
（A）二 　　　（B）三 　　　（C）四 　　　（D）五

22. 下列有关影响微生物生长的物理因素描述中不正确的是(　　　)。
（A）细菌芽孢较营养体更耐恶劣环境
（B）所有微生物都需在有氧条件下培养
（C）菌膜的形成完全取决于培养基的表面张力
（D）影响微生物遗传性能的射线有紫外线等

23. 酵母菌属于(　　　)微生物。
（A）好氧型 　　　（B）厌氧型 　　　（C）兼性厌氧型 　　　（D）微厌氧型

24. 引起酸性果汁饮料变质的微生物主要是(　　　)。
（A）细菌 　　　（B）放线菌 　　　（C）病毒 　　　（D）酵母菌

25. 引起酸性食品腐败变质主要是由(　　　)引起的。
（A）霉菌、酵母菌 　　　（B）细菌 　　　（C）放线菌 　　　（D）藻类

26. 霉菌、酵母菌最适 pH 是(　　　)。
（A）6.5~7.5 　　　（B）2.0~3.0 　　　（C）4.5~5.5 　　　（D）7.0~8.0

27. 细菌最适 pH 是(　　　)。
（A）6.5~7.5 　　　（B）2.0~3.0 　　　（C）4.5~5.5 　　　（D）7.0~8.0

28. 下列微生物中可以在冷藏温度下生长的微生物是(　　　)。
（A）大肠杆菌 　　　（B）金黄色葡萄球菌 　　（C）肉毒梭菌 　　　（D）沙门氏菌

29. 绝大多数微生物处于最低生长温度时的状态是(　　　)。
（A）代谢活动正常,呈休眠状态
（B）代谢活动已减弱到极低程度,呈正常状态
（C）代谢活动已减弱到极低程度,呈休眠状态
（D）与处于最高生长温度时的状态相同

30. 下列不属于需氧微生物的是(　　　)。
（A）大多数细菌 　　　（B）所有放线菌 　　　（C）霉菌 　　　（D）酵母菌

31. 酵母菌在有氧时进行(　　　),产生二氧化碳和水。
（A）有氧呼吸 　　　（B）发酵作用 　　　（C）三羧酸循环 　　　（D）生物氧化

32. 酵母菌在无氧条件下进行（　　），产生酒精和二氧化碳。
（A）有氧呼吸　　　（B）发酵作用　　　（C）三羧酸循环　　　（D）生物氧化

32. 影响食品腐败变质的因素有（　　）。
（A）酸碱度　　　（B）水分　　　（C）温度　　　（D）渗透压
（E）营养成分　　　（F）以上都是

34. 根据食品微生物污染途径主要为加工期间的污染，下面各措施中关系比较不密切的是（　　）。
（A）原材料采购应符合其卫生质量标准　　　（B）设备的及时清洗、消毒
（C）设备更换、改造代替手工操作工艺　　　（D）工厂、车间布局合理

35. 根据食品微生物污染途径之一为人体和动植物体表，下面各措施中针对性最强的是（　　）。
（A）合理设计和布局食品工厂　　　（B）设备的清洗、消毒和改造
（C）搞好个人卫生和定期检查健康　　　（D）加强产品卫生和质量检验

36. 食品中微生物污染的途径除了土壤污染、空气污染、人体动物污染、用具污染，还有（　　）。
（A）生物性污染　　　（B）水污染　　　（C）放射污染

37. 细菌生长繁殖中所需营养物质，其中葡萄糖、淀粉、甘露醇等属于（　　）。
（A）碳源　　　（B）氮源　　　（C）无机盐类　　　（D）维生素类
（E）生长因子类

38. 下列不属于空气中常见微生物的是（　　）。
（A）耐紫外线的革兰氏阳性菌　　　（B）耐紫外线的革兰氏阴性菌
（C）芽孢杆菌　　　（D）酵母、霉菌的孢子

39. 在食品加工中，人的（　　）是造成食品微生物污染最为常见。
（A）头发　　　（B）手　　　（C）衣帽　　　（D）皮肤

40. 磷酸盐缓冲溶液、（　　）等，是试验中常用的无机盐。
（A）牛肉膏　　　（B）葡萄膏　　　（C）氯化钠　　　（D）蛋白胨

41. 微生物在渗透酶和提供能量的前提下，将体外的营养物质逆浓度运送至体内，这就是（　　）作用。
（A）单纯扩散　　　（B）促进扩散　　　（C）主动运输　　　（D）基团转位

42. 营养物质最后必须透过（　　）才能被微生物吸收。
（A）细胞壁　　　（B）细胞膜　　　（C）核质体　　　（D）渗透酶

43. 微生物中（　　）属于自养型微生物。
（A）蓝细菌　　　（B）霉菌　　　（C）腐生菌　　　（D）寄生菌

44. 微生物的氧化作用可根据最终电子受体的性质，分为有氧呼吸作用、无氧呼吸作用和（　　）三种。
（A）氧化作用　　　（B）代谢作用　　　（C）发酵作用　　　（D）渗透酶作用

45. 微生物体内的能量转变就是（　　）。
（A）新陈代谢　　　（B）能量代谢　　　（C）氧化作用　　　（D）发酵作用

46. 微生物必须透过胞外酶把蛋白质分解成（　　），才能被吸收利用。
（A）丙酮酸　　　（B）脂肪酸　　　（C）氨基酸　　　（D）乳酸

47. 酶是由活的微生物产生的、具有特殊的催化能力和高度（　　）的蛋白质。

(A) 统一性　　　　　(B) 专一性　　　　　(C) 稳定性　　　　　(D) 系统性

48. 微生物代谢的调节,实际上就是控制酶的（　　）和活性的变化。

(A) 种类　　　　　　(B) 质量　　　　　　(C) 能量　　　　　　(D) 数量

49. 外毒素的主要化学组成是（　　）。

(A) 脂质　　　　　　(B) 蛋白质　　　　　(C) 肽聚糖　　　　　(D) 脂多糖

50. 微生物的代谢过程中能产生毒素,（　　）不属于细菌内毒素的主要化学组成。

(A) 磷脂　　　　　　(B) 脂多糖　　　　　(C) 蛋白质　　　　　(D) 脂蛋白

51. 菌体最佳收获期是在（　　）。

(A) 延迟期　　　　　(B) 对数期　　　　　(C) 稳定期　　　　　(D) 衰亡期

52. 大多数细菌、放线菌和霉菌都属于（　　）。

(A) 厌氧微生物　　　(B) 需氧微生物　　　(C) 兼性厌氧微生物　(D) 微需氧微生物

53. 食品中含有蛋白质、糖类、脂肪、无机盐、维生素和（　　）等,这正契合了微生物生长的需要。

(A) 水　　　　　　　(B) 葡萄糖　　　　　(C) 钙　　　　　　　(D) 磷

54. 肉、鱼等食品容易受到（　　）分解能力很强的变形杆菌、青霉等微生物的污染。

(A) 脂肪　　　　　　(B) 糖类　　　　　　(C) 蛋白质　　　　　(D) 明胶

55. 腌菜、泡酸菜是（　　）微生物发酵制成的。

(A) 大肠杆菌　　　　(B) 乳酸菌　　　　　(C) 霉菌　　　　　　(D) 芽孢杆菌

56. 酸性食品的腐败变质主要是由（　　）和霉菌引起的。

(A) 芽孢杆菌　　　　(B) 乳酸菌　　　　　(C) 酵母菌　　　　　(D) 细菌

57. 食品的 Aw 值在 0.60 以下,则认为（　　）不能生长。

(A) 细菌　　　　　　(B) 霉菌　　　　　　(C) 酵母菌　　　　　(D) 微生物

58. 将食品贮存在 6.5℃ 环境中有利于（　　）生长。

(A) 嗜冷菌　　　　　(B) 嗜温菌　　　　　(C) 耐温菌　　　　　(D) 耐冷菌

59. 高温微生物造成的食品变质主要为分解（　　）而引起。

(A) 脂肪　　　　　　(B) 蛋白质　　　　　(C) 糖类　　　　　　(D) 有机物

60. 当食品中糖或盐的浓度越高,渗透压就越大,食品的 Aw 值则（　　）。

(A) 越大　　　　　　(B) 越小　　　　　　(C) 一样　　　　　　(D) 不一定

61. 酵母菌和霉菌一般能耐受较高的渗透压,常引起糖浆、（　　）、果汁等高糖食品的变质。

(A) 水果　　　　　　(B) 饮料　　　　　　(C) 果酱　　　　　　(D) 奶酪

62. 一般来讲,在有氧的环境中,食物变质速度（　　）。

(A) 减慢　　　　　　(B) 不变　　　　　　(C) 无法确定快慢　　(D) 加快

63. 把含水量少的脱水食品放在湿度大的地方,表面水分（　　）。

(A) 缓慢增加　　　　(B) 迅速增加　　　　(C) 不会增加　　　　(D) 迅速减少

64. 相当一部分食品的原料都来自田地,而土壤素有（　　）的"大本营"之说。

(A) 蛋白质　　　　　(B) 矿物质　　　　　(C) 维生素　　　　　(D) 微生物

65. 土壤中的（　　）相对于其他微生物而言,所占比率最高,危害最大。

(A) 细菌　　　　　　(B) 酵母菌　　　　　(C) 霉菌　　　　　　(D) 放线菌

66. 水在食品加工中是不可缺少的,它是食品的( )、清洗、冷却、冰冻等生产环节中不可缺少的重要物质。

(A) 消毒 　　　(B) 灭菌 　　　(C) 配料 　　　(D) 卫生

67. 食品质量安全市场准入制度(QS)中对( )用水有严格要求。

(A) 工业 　　　(B) 农业 　　　(C) 民用 　　　(D) 军用

68. 空气中常见的微生物主要是( )、耐紫外线的革兰氏阳性球菌、芽孢杆菌以及酵母菌、霉菌的孢子等。

(A) 耐酸 　　　(B) 耐冷 　　　(C) 耐干燥 　　　(D) 耐热

69. 空气中的微生物与土壤和污水中的微生物相比( )。

(A) 数量多,分布极不均匀 　　　　　　(B) 数量少,分布极不均匀

(C) 数量多,分布均匀 　　　　　　　(D) 数量少,分布均匀

70. 食品制造储藏的场所是鼠、蝇、蟑螂等动物出没的场所,这些动物体表及( )均有大量微生物,经常是微生物的传播者。

(A) 口腔 　　　(B) 消化道 　　　(C) 毛发 　　　(D) 肢体

71. 食品在加工前,原料大多营养丰富,在自然界中很容易受到微生物的污染,加之运输、储藏等原因,很容易造成微生物的( )。

(A) 繁殖 　　　(B) 减少 　　　(C) 死亡 　　　(D) 休眠

72. 食品在加工过程中,要进行( )、加热或灭菌等工艺操作过程。这些操作过程若正常进行,可以使食品达到无菌或菌群减少的状态。

(A) 清洗 　　　(B) 分级 　　　(C) 拣选 　　　(D) 包装

73. 企业的卫生管理包括环境卫生、生产设备卫生、食品从业人员的卫生以及食品的( )、销售、运输等环境的卫生。

(A) 加热 　　　(B) 灭菌 　　　(C) 采购 　　　(D) 储藏

74. 真空或充氮包装,可以减弱( )生长。

(A) 厌氧腐败微生物 　　　　　　　(B) 需氧腐败微生物

(C) 耐氧腐败微生物 　　　　　　　(D) 需氧兼性厌氧微生物

75. 反映粪便污染程度的指示菌有总大肠菌群、耐热大肠菌群和( )。

(A) 志贺氏菌 　　　(B) 大肠杆菌 　　　(C) 沙门氏菌 　　　(D) 变形杆菌

76. 霉菌毒素通常具有( )、无抗原性,主要侵害实质器官的特点。

(A) 耐低温 　　　(B) 耐高温 　　　(C) 急性 　　　(D) 多发性

77. 人畜一次性摄入含有大量霉菌毒素的食物,往往会发生( )中毒,长期少量摄入会发生慢性中毒。

(A) 爆发性 　　　(B) 慢性 　　　(C) 急性 　　　(D) 多发性

78. 通常产生毒素的霉菌种类有:黄曲霉、( )、镰刀菌等中的一些种类。

(A) 青霉 　　　(B) 根霉 　　　(C) 毛霉 　　　(D) 黑霉

79. 食品中为防止霉菌生长和毒素产生,通常采取去除( )的方法。

(A) CO_2 　　　(B) O_2 　　　(C) N_2 　　　(D) H_2

80. ( )不是食品工艺中的霉菌毒素去除法。

(A) 煮沸法 　　　(B) 活性炭法 　　　(C) 酸性白土法 　　　(D) 微生物去毒

第三套测试题

一、判断题

1. 接种是指微生物的纯种或含有微生物的材料转移到适于它生长繁殖的人工培养基上或活的生物体内的过程。（　　）

2. 观察微生物动力学实验的接种方法是穿刺接种。（　　）

3. 无菌是指物体中没有活的微生物的存在。（　　）

4. 接种样品前,只需用肥皂洗手,就可以进行无菌操作。（　　）

5. 接种时,对已打开包装但未使用完的器皿,下次还可继续使用。（　　）

6. 接种样品、转种菌种必须在酒精灯前操作。（　　）

7. 根据培养时是否需要氧气,可将培养类型分为需氧培养和厌氧培养两大类。（　　）

8. 根据培养基的物理状态,可分为固体培养基和液体培养基两大类。（　　）

9. 半固体培养基穿刺接种观察细菌运动、扩散情况。（　　）

10. 琼脂的融化温度在 80℃以上,凝固温度在 45℃以下。（　　）

11. 消毒就是消除有毒的物质。（　　）

12. 灭菌是一种比消毒更彻底的消灭微生物的方式。（　　）

13. 食品的消毒是采用物理或化学的手段将食品中的微生物杀灭的操作。（　　）

14. 经过消毒的食品不再含有生命的有机体。（　　）

15. 高压蒸汽灭菌法是通过强大的压力将微生物杀死。（　　）

16. 高压蒸汽灭菌适用于所有培养基和物品的灭菌。（　　）

17. 酒精的浓度越高,杀菌能力越强。（　　）

18. 体积分数在 96％以上的酒精也具有良好的消毒效果。（　　）

19. 通过高温加热使菌体内蛋白质变性凝固、酶失活,从而到达杀菌的目的,这种灭菌方法叫蒸煮消毒法。（　　）

20. 干热灭菌法适用于橡胶的物品、液体及固体培养基等的灭菌。（　　）

21. 巴氏消毒法既可杀死液体中致病菌的繁殖体,又不破坏液体物质中原有的营养成分。（　　）

22. 不同的微生物对热的抵抗力和对消毒剂的敏感性是不同的。（　　）

23. 在同一温度下,对数生长期的菌体细胞抗热力、抗毒力较大。稳定期的老龄细胞抗性较小。（　　）

24. 温度越高,灭菌效果越好。（　　）

25. 微生物染色的基本原理是通过细胞及细胞物质对染料的毛细、渗透、吸附等物理因素,以及各种化学反应进行的。（　　）

26. 染料按其组成成分可以分为植物染料和动物染料。（　　）

27. 染料按其电离后染料离子所带电荷的性质,分为酸性染料和碱性染料。（　　）

28. 单染色法是用一种染料使微生物染色。（　　）

29. 针对一些特殊情况而进行染色的方法叫复染色法,又称鉴别染色法。（　　）

30. 用两种或两种以上染料进行染色的方法叫特殊染色法。（　　）

31. 常见的特殊染色法有鞭毛染色法、荚膜染色法、芽孢染色法。 （　　）

32. 大肠细菌的革兰氏染色过程中,脱色最为关键,如脱色过轻,则可能造成假阴性的结果。 （　　）

33. 革兰氏染色脱色时所用的乙醇的浓度为 75%。 （　　）

34. 无菌室通常包括缓冲间和工作间两部分。 （　　）

35. 缓冲间和工作间的面积比例为 2 : 1,高度为 4 m 左右为宜。 （　　）

36. 工作间的内门应与缓冲间的门相通。 （　　）

37. 无菌室每 5 m² 的面积应配备一个功率为 20 W 的紫外灯。紫外灯应无灯罩,灯管距离地面应超过 2.5 m。 （　　）

38. 缓冲间应配有清洁的水源,安装手动式开关。 （　　）

39. 工作间内应设有固定的工作台、空调设备和空气净化装置。 （　　）

40. 无菌室的工作台、地面和墙壁可用巴氏消毒液擦洗消毒。 （　　）

41. 无菌室应经 10 min 以上紫外线照射,关闭 10 min 后方可进入。 （　　）

42. 无菌室细菌较多时,可采用乙醇和石碳酸交替熏蒸来进行消毒。 （　　）

43. 无菌吸管的上端塞入棉花的目的是为了防止菌液吸入口中。 （　　）

44. 微生物检测接种是指将微生物的纯种或含有微生物的材料转移到适于它生长繁殖的人工培养基上或活的生物体内的过程。 （　　）

45. 微生物检验倾注接种方法是取少许纯菌或少许含菌材料(一般是液体材料),先放入无菌的培养皿中,然后倾入已溶化并冷却至 40℃ 左右含有琼脂的灭菌培养基上,使它与含菌材料均匀混合后,冷却至凝固。 （　　）

46. 微生物检验时,对已打开的包装但未使用完的器皿,可以重新包装好留待下次使用。 （　　）

47. 所有的微生物培养时都需要氧气的参与。 （　　）

48. 细菌检验的培养基中加入胆盐可抑制革兰氏阳性菌的生长,以有利于革兰氏阴性菌的生长。 （　　）

49. 在制备某些微生物检验培养基时需加入一些煌绿、玫瑰红酸、孟加拉红等物质作为培养基的指示剂。 （　　）

50. 微生物检验培养基可根据配方,称量于适当大小的烧杯中,由于其中干粉极易吸潮,故称量时要迅速。 （　　）

51. 消毒使用物理、化学或生物学的方法杀死微生物的过程。 （　　）

52. 由于微生物个体很小,细胞又较透明,不易观察到其形态,故必须借助于染色的方法使菌体着色,增加与背景的明暗对比,才能在光学显微镜下较为清楚地观察其个体形态和部分结构。 （　　）

53. 微生物染色的染料按其组成成分可以分为自然染料和人工染料。 （　　）

54. 微生物染色时按照所用染料种类的不同,可把染色法分为单染色法、复杂染色法和特殊染色法。 （　　）

55. G^+ 细菌经革兰氏染色菌体呈红色。 （　　）

56. 微生物实验室布局应采用单方向工作流程,避免交叉污染。 （　　）

57. 无菌室的无菌程度测定方法:将已制备好的 3～5 个琼脂平皿放置在无菌室工作位置的左中右等处,并开盖暴露 15 min,然后倒置于 36℃ 培养箱中培养 24 h,取出观察。 （　　）

二、选择题

1. 将纯种或含菌材料用微生物接种方法在固体培养基表面进行划线,使微生物细胞分散在培养基表面,使得培养基的单位面积内的接种量随着划线不断稀释,从多量逐渐减少为少量,这种接种方法叫( )。

（A）涂布接种　　　　（B）倾注接种　　　　（C）划线接种　　　　（D）点植接种

2. 将纯菌种或含菌材料均匀地分布在固体培养基表面,或者将含菌材料在固体培养基的表面仅作局部涂布,然后再用划线法使它分散在整个培养基的表面,这种接种方法叫( )。

（A）涂布接种　　　　（B）倾注接种　　　　（C）划线接种　　　　（D）点植接种

3. 取少许纯菌或少许含菌材料,先放入无菌的培养皿中,而后倾入已融化并冷却至 46℃ 左右含有琼脂的灭菌培养基,使它与含菌材料均匀混合后,冷却至凝固,这种接种方法叫( )。

（A）涂布接种　　　　（B）倾注接种　　　　（C）划线接种　　　　（D）点植接种

4. 将纯菌或含菌材料用接种针在固体培养基表面的几个点接触一下,这种接种方法叫( )。

（A）涂布接种　　　　（B）倾注接种　　　　（C）划线接种　　　　（D）点植接种

5. 用接种针使微生物纯种经穿刺而进入培养基中去的接种方法叫( )。

（A）穿刺接种　　　　（B）浸洗接种　　　　（C）划线接种　　　　（D）点植接种

6. 用接种针挑取含菌材料后,立即插入液体培养基中,将菌洗入培养基内,这种接种方法叫( )。

（A）穿刺接种　　　　（B）浸洗接种　　　　（C）划线接种　　　　（D）点植接种

7. 点植法常用于( )的接种。

（A）细菌　　　　（B）霉菌　　　　（C）酵母菌　　　　（D）大肠杆菌

8. 观察微生物动力学试验所用的接种方法是( )。

（A）划线接种　　　　（B）液体接种　　　　（C）穿刺接种　　　　（D）涂布接种

9. 防止微生物进入机体或物体的操作方法叫( )。

（A）灭菌　　　　（B）无菌　　　　（C）消毒　　　　（D）无菌操作

10. 固体培养基中所用的琼脂量大约为( )。

（A）0.2%～0.5%　　（B）1.5%～2.0%　　（C）4%～5%　　（D）3%～4%

11. 半固体培养基中所用的琼脂量大约为( )。

（A）0.2%～0.5%　　（B）1.5%～2.0%　　（C）4%～5%　　（D）3%～4%

12. 根据某一种或某一类微生物的特殊营养要求或对一些物理、化学条件的抗性而设计的培养基是( )。

（A）营养培养基　　　（B）选择培养基　　　（C）鉴定培养基　　　（D）基础培养基

13. 加入某些试剂或化学药品,使培养基在培养后发生某种变化,从而鉴别不同类型的微生物。这类培养基叫( )。

（A）营养培养基　　　（B）选择培养基　　　（C）鉴定培养基　　　（D）基础培养基

14. 下列属于抑制剂的物质是( )。

（A）胆盐　　　　（B）多糖　　　　（C）溴甲酚紫　　　　（D）氯化钠

15. 在微生物实验操作中,防止微生物进入人体的方法叫( )。

(A) 灭菌　　　　　(B) 无菌　　　　　(C) 消毒　　　　　(D) 无菌操作

16. 常用的消毒酒精浓度为(　　)。

(A) 75％　　　　(B) 50％　　　　(C) 90％　　　　(D) 100％

17. 高压蒸汽灭菌时,当压力达 103.4 kPa,温度 121℃时,维持时间(　　)。

(A) 10 min　　　(B) 20 min　　　(C) 30 min　　　(D) 25 min

18. 紫外线的穿透力不强,所以不能用于(　　)。

(A) 空气　　　　　　　　　　　(B) 食品

(C) 不耐热食品的表面　　　　　(D) 包装材料表面

19. 下列能最有效杀死芽孢的方法是(　　)。

(A) 干热灭菌法　　(B) 巴氏消毒法　　(C) 高压蒸汽灭菌法　(D) 间歇灭菌法

20. 紫外线杀菌的最佳波长为(　　)。

(A) 200 nm　　　(B) 265 nm　　　(C) 300 nm　　　(D) 560 nm

21. 玻璃器皿干热消毒要求(　　)。

(A) 160~170℃,2 h　　　　　　(B) 160~170℃,1 h

(C) 100℃,2 h　　　　　　　　(D) 150℃,2 h

22. 高压蒸汽灭菌器杀灭所有细菌芽孢和繁殖体要求(　　)。

(A) 103.4 kPa 的压力 121.3℃,10 min　　(B) 103.4 kPa 的压力 110℃,10 min

(C) 100 kPa 的压力 121.3℃,10 min　　　(D) 103.4 kPa 的压力 121.3℃,15~20 min

23. 下列不属于湿热灭菌方法的是(　　)。

(A) 巴氏消毒法　　(B) 煮沸消毒法　　(C) 高压蒸汽灭菌法　(D) 加热灭菌法

24. 凡不能耐受高温或化学药物灭菌的药液、毒素、血液等,可使用(　　)。

(A) 辐射灭菌　　　　　　　　　(B) 高压蒸汽灭菌法

(C) 过滤除菌　　　　　　　　　(D) 干热灭菌法

25. 利用电磁波杀死大多数物质中的微生物,此灭菌方法属于(　　)。

(A) 辐射灭菌　　　　　　　　　(B) 高压蒸汽灭菌法

(C) 过滤除菌　　　　　　　　　(D) 干热灭菌法

26. 巴氏消毒法适用于下列食物的是(　　)。

(A) 饮用水　　　　(B) 牛奶　　　　(C) 果汁　　　　(D) 面包

27. 巴氏消毒典型的温度和时间组合是(　　)。

(A) 61.1~62.8℃,30 min;87.7℃,10 min

(B) 85~90℃,30 min;100℃,10 min

(C) 61.1~62.8℃,10 min;87.7℃,30 min

(D) 85~90℃,10 min;100℃,30 min

28. 按照所用染料种类的不同,可把染色法分为单染色法、复染色法和(　　)。

(A) 革兰氏染色法　(B) 芽孢染色法　(C) 特殊染色法　　(D) 鞭毛染色法

29. 美兰在细菌学中也是常用染料之一,它是指(　　)一类染料。

(A) 酸性染料　　　(B) 复合染料　　(C) 碱性染料　　　(D) 中性染料

30. 芽孢染色属于(　　)。

(A) 单染色法　　　(B) 复染色法　　(C) 革兰氏染色法　(D) 特殊染色法

31. 鞭毛染色是属于(　　)。

（A）单染色法　　　　（B）复染色法　　　　（C）革兰氏染色法　　（D）特殊染色法

32. 荚膜染色方法较多,但都属于(　　　)。

（A）单染色法　　　　（B）复染色法　　　　（C）革兰氏染色法　　（D）特殊染色法

33. 革兰氏染色法属于(　　　)。

（A）单染色法　　　　（B）复染色法　　　　（C）革兰氏染色法　　（D）特殊染色法

34. 革兰氏染色后,如复发酵为阳性,则(　　　)。

（A）革兰氏阴性,细菌呈红色,大肠菌群为阴性

（B）革兰氏阴性,细菌呈红色,大肠菌群为阳性

（C）革兰氏阳性,细菌呈紫色,大肠菌群为阳性

35. 细菌的革兰氏染色特性不同主要是因为(　　　)。

（A）形态不同　　　　　　　　　　　　（B）营养需要不同

（C）生理功能不同　　　　　　　　　　（D）细菌细胞壁结构不同

36. 革兰氏染色中卢戈氏碘液是起(　　　)作用的溶液。

（A）初染剂　　　　（B）复染剂　　　　（C）脱色剂　　　　（D）媒染剂

37. 革兰氏染色中结晶紫溶液是起(　　　)作用的溶液。

（A）初染剂　　　　（B）复染剂　　　　（C）脱色剂　　　　（D）媒染剂

38. 革兰氏染色的关键操作步骤是(　　　)。

（A）结晶紫染色　　（B）碘液媒染　　　（C）酒精脱色　　　（D）复染

39. 在革兰氏染色时结晶紫滴加在已固定的涂片上染色,一般染(　　　),用水洗去。

（A）0.5 min　　　　（B）1 min　　　　（C）1.5 min　　　　（D）2 min

40. 在革兰氏染色时卢戈氏碘液滴加在已固定的涂片上染色,一般染(　　　),用水洗去。

（A）0.5 min　　　　（B）1 min　　　　（C）1.5 min　　　　（D）2 min

41. 革兰氏染色中番红溶液是起(　　　)作用的溶液。

（A）初染剂　　　　（B）复染剂　　　　（C）脱色剂　　　　（D）媒染剂

42. 乙醇脱色(　　　)至流出液无色。

（A）0.5 min　　　　（B）1 min　　　　（C）1.5 min　　　　（D）2 min

43. 细菌染色标本制作基本步骤是(　　　)。

（A）涂片—固定—干燥—染色　　　　（B）涂片—染色—固定—干燥

（C）涂片—干燥—固定—染色　　　　（D）涂片—固定—染色—干燥

44. 染色标本时第一步是涂片,一般方法是(　　　)。

（A）在载玻片上直接将菌苔涂上

（B）在载玻片上加一滴生理盐水将菌苔在盐水中均匀涂布

（C）在载玻片上加一滴蒸馏水,涂布

（D）在载玻片上加一滴酒精,涂布

45. 微生物实验室通常包括操作室、无菌室和(　　　)。

（A）清洗消毒室　　（B）更衣室　　　　（C）衣帽间　　　　（D）洗手间

46. 食品卫生检验需在无菌条件下进行接种,为使接种室达到无菌状态,一般采用(　　　)方法是正确的。

（A）30 W 紫外线灯开启不低于 30 min 后关灯 30 min 后操作

（B）30 W 紫外线灯开启隔夜,关灯操作

（C）在紫外线灯开启下操作

（D）开启紫外线灯 1 h 后关灯在酒精灯下操作

47. 无菌室内应配有一些专用的仪器设备和器材,比如（　　）、恒温振荡仪、均质器、酒精灯、接种环等。

（A）培养箱　　　　（B）天平　　　　　（C）冰箱　　　　　（D）显微镜

48. 一般情况下,无菌室消毒用 20 mL/m³ 的（　　）熏蒸消毒。

（A）双氧水　　　　（B）乙醇　　　　　（C）新洁尔灭　　　（D）丙二醇溶液

49. 无菌室霉菌较多时,先用（　　）全面喷洒室内,再用（　　）熏蒸来进行消毒。

（A）10％石碳酸;甲醛　　　　　　　　（B）5％石碳酸;甲醛

（C）甲醛;10％石碳酸　　　　　　　　（D）甲醛;5％石碳酸

50. 染色标本时第一步是涂片,一般方法是（　　）。

（A）在载玻片上直接将菌苔涂上

（B）在载玻片上加一滴生理盐水将菌苔在盐水中均匀涂布

（C）在载玻片上加一滴酒精,涂布

（D）在载玻片上加一滴菌苔就在火焰上烤干

51. 制作细菌染色标本时,干燥这一步骤应（　　）。

（A）火焰烤　　　（B）自然干燥　　　（C）风吹　　　　（D）紫外光照

52. 制作涂片时,经火焰加热玻片的目的是（　　）。

（A）杀菌　　　　（B）干燥　　　　　（C）固定细胞　　　（D）以上都不是

53. 细菌染色法中,最常用最重要的鉴别染色法为（　　）。

（A）抗酸染色法　（B）革兰氏染色法　（C）单染色法　　　（D）鞭毛染色法

54. 微生物检验常用的分离工具有:接种钩、接种圈和（　　）等。

（A）接种针　　　（B）玻璃平板　　　（C）三角烧瓶　　　（D）试管

55. 接种针常用于微生物检验操作时的（　　）接种法。

（A）涂布　　　　（B）倾注　　　　　（C）划线　　　　　（D）穿刺

56. 微生物检验常用的接种和分离方法有点植、穿刺、浸洗和（　　）等方法。

（A）标定　　　　（B）涂布　　　　　（C）滴定　　　　　（D）中和

57. 微生物检验接种食品样品前,先用肥皂洗手,然后用（　　）酒精棉球将手擦干净。

（A）100％　　　（B）75％　　　　　（C）50％　　　　　（D）95％

58. 微生物检验在接种前,接种环应经火焰烧灼全部金属丝,可一边转动接种柄一边慢慢地来回通过火焰（　　）。

（A）两次　　　　（B）三次　　　　　（C）四次　　　　　（D）一次

59. 微生物培养时用焦性没食子酸、磷等用以（　　）。

（A）除去氢气　　　　　　　　　　　　（B）除去二氧化碳

（C）吸收氧气以除氧　　　　　　　　　（D）降低氧化还原电位

60. 用于细菌检验的半固体培养基的琼脂加入量为（　　）％。

（A）0.5～1.0　　（B）0.5～0.8　　　（C）0.1～0.5　　　（D）0.2～0.5

61. 微生物检验培养基中常见的酸碱指示剂有:酚红、中性红、溴甲酚紫、煌绿和（　　）等。

（A）甲基红　　　（B）美兰　　　　　（C）孟加拉红　　　（D）伊红

62. 琼脂其本身并无营养价值,但是应用最广的凝固剂。但多次反复溶化,其凝固性会

（　　）。

　　（A）增加　　　　　（B）不变　　　　　（C）降低　　　　　（D）消失

63. 配制微生物检验培养基分装三角瓶时,以不超过三角瓶容积的(　　)为宜。

　　（A）2/3　　　　　（B）1/3　　　　　（C）1/2　　　　　（D）3/5

64. 灭菌是杀灭物体中或物体上所有微生物的繁殖体和(　　)的过程。

　　（A）荚膜　　　　　（B）芽孢　　　　　（C）鞭毛　　　　　（D）菌毛

65. 干热灭菌法一般是把待灭菌的物品包装后,放入干燥箱中加热至(　　)。

　　（A）160℃,维持 2 h　　　　　　　　（B）170℃,维持 2 h

　　（C）180℃,维持 2 h　　　　　　　　（D）160℃,维持 4 h

66. (　　)是能损伤细菌外膜的阳离子表面活性剂。

　　（A）福尔马林　　　（B）结晶紫　　　（C）漂白粉　　　（D）新洁尔灭

67. 甲醛通常适用于(　　)。

　　（A）室内喷雾消毒地面　　　　　　　（B）擦洗被污染的桌

　　（C）排泄物　　　　　　　　　　　　（D）空气熏蒸消毒(无菌室)

68. 影响灭菌与消毒的因素有很多,最主要的是(　　)、微生物污染程度和温度,温度的影响尤为重要。

　　（A）微生物所依附的介质　　　　　　（B）微生物的特性

　　（C）消毒剂剂量的大小　　　　　　　（D）酸碱度

69. 待灭菌的物品中含菌数量越多时,灭菌越是(　　)。

　　（A）显著　　　　　（B）容易　　　　　（C）好　　　　　（D）困难

70. 微生物染色时酸性物质对于(　　)染料较易吸附,且吸附作用稳固。

　　（A）中性　　　　　（B）酸性　　　　　（C）碱性　　　　　（D）弱酸性

71. 微生物染色的染料按其电离后染料离子所带电荷的性质,分为酸性染料、碱性染料、(　　)染料和单纯染料四大类。

　　（A）简单　　　　　（B）中性(复合)　　（C）天然　　　　　（D）人工(合成)

72. 微生物染色时一般常用碱性染料进行单染色,如(　　)、孔雀绿、碱性复红、结晶紫等。

　　（A）品红　　　　　（B）美兰　　　　　（C）胭脂红　　　　（D）煌绿

73. 微生物单染色法的基本步骤是(　　)。

　　（A）涂片,固定,染色,水洗　　　　　（B）涂片,染色,水洗,固定

　　（C）涂片,染色,固定,水洗　　　　　（D）涂片,水洗,固定,染色

74. 革兰氏染色法将细菌分为 G^+ 和 G^- 两大类,这是由于它们的(　　)结构和组成不同决定的。

　　（A）鞭毛　　　　　（B）细胞质　　　　（C）细胞膜　　　　（D）细胞壁

75. 革兰氏染色法应选用(　　)的菌染色。

　　（A）幼龄期　　　　（B）成熟期　　　　（C）生长期　　　　（D）成长期

76. 实验设备应放置于适宜的环境条件下,便于维护、清洁、消毒和校准,并保持(　　)的工作状态。

　　（A）整洁　　　　　（B）良好　　　　　（C）整洁与良好　　（D）正常

77. 无菌室的要求:无菌室(包括缓冲间、无菌操作间)每 3 m² 的面积应配备一根功率为

（　　）W 的紫外线灯。

　　（A）25　　　　　　（B）30　　　　　　（C）40　　　　　　（D）60

　　78. 安装在无菌室内的紫外线灯应无灯罩,灯管距离地面不得超过(　　)m。

　　（A）2.0　　　　　　（B）2.2　　　　　　（C）2.5　　　　　　（D）2.8

　　79. 无菌室用的紫外线灯管每隔(　　)需用酒精棉球擦拭,清洁灯管表面,以免影响紫外线的穿透力。

　　（A）1 周　　　　　　（B）2 周　　　　　　（C）1 个月　　　　　　（D）2 个月

　　80. 无菌室每次使用前后应用紫外线灭菌灯消毒,照射时间不低于(　　)min。关闭紫外线灯 30 min 后才能进入。

　　（A）30　　　　　　（B）45　　　　　　（C）60　　　　　　（D）130

　　81. 无菌室细菌较多时,可采用(　　)熏蒸。

　　（A）甲醛　　　　　　（B）乳酸　　　　　　（C）甲醛和乳酸交替　　（D）丙二醇溶液

第四套测试题

一、判断题

1. 微生物采样的样品必须具有代表性。　　　　　　　　　　　　　　（　　）
2. 样品的种类可分为大样、中样、小样。　　　　　　　　　　　　　　（　　）
3. 采样无需在无菌操作下进行，但是采样用具必须是无菌的。　　　　（　　）
4. 可采用质量法和拭子法来实施采样操作。　　　　　　　　　　　　（　　）
5. 对直接食用的小包装食品采样时，应将包装袋拆开采样，然后送至检验部门检验。　　　　　　　　　　　　　　　　　　　　　　　　　　　　（　　）
6. 在生产过程中采样时，应遵循随机采样的方法，采取具有代表性的半成品和成品。　　　　　　　　　　　　　　　　　　　　　　　　　　　　（　　）
7. 液体食品、固体和半固体以及冷冻食品采样方法都一样。　　　　　（　　）
8. 盛放样品的容器上无需贴标签。　　　　　　　　　　　　　　　　（　　）
9. 冷冻样品应放在-20℃的冰箱内进行保存。　　　　　　　　　　　（　　）
10. 对于易腐败和冷却的样品应放在0～4℃的冰箱内进行保存。　　　（　　）
11. 对于不同物理状态的食品，它们的制备方法是不同的。　　　　　（　　）
12. 固体样品的制备方法有捣碎均质法、研磨法、离心法。　　　　　（　　）
13. 采样用具必须无菌，并且只在采样时打开。　　　　　　　　　　（　　）
14. 空气的采样方法有直接沉降法、过滤法、气流撞击法三种。　　　（　　）
15. 如为非冷藏易腐败食品，不需要将所取样品冷却到0～4℃。　　　（　　）
16. 冷冻样品一旦融化，来不及检验，要放回冷冻室保存。　　　　　（　　）
17. 检验食品中的微生物，称取样品后即可处理样品。　　　　　　　（　　）
18. 计算活菌时，应用显微镜直接计数法比较好。　　　　　　　　　（　　）
19. 目前菌落总数的测定多用涂布法。　　　　　　　　　　　　　　（　　）
20. 稀释平板测数时，细菌菌落计数的标准是选择每个平皿中的菌落数在30～300个之间的稀释度进行计数。　　　　　　　　　　　　　　　　　（　　）
21. 平板培养基计数法检出的样品细菌数即为该食品中实际存在的细菌数。　（　　）
22. 细菌菌落计数时，如果两个稀释度菌落数都大于300，以低倍计数；如果两个稀释度菌落数都小于30，则以高倍计数。　　　　　　　　　　　　　（　　）
23. 菌落计数时，如两个稀释度平均菌落数都在30～300之间，且两个稀释度之比小于2，则以高稀释倍数计数。　　　　　　　　　　　　　　　　（　　）
24. 稀释平板测数时，细菌菌落计数的标准是选择每个平皿中的菌落数在30～300个之间的稀释度进行计数。　　　　　　　　　　　　　　　　（　　）
25. 测定菌落总数时，如菌落数在100以下则以实际数报告。　　　　（　　）
26. 测定大肠菌群数时，37℃培养48 h，不能发酵月桂基硫酸盐，没有产气者为阳性。　　　　　　　　　　　　　　　　　　　　　　　　　　　　（　　）
27. 大肠杆菌属于致病菌。　　　　　　　　　　　　　　　　　　　（　　）
28. 大肠菌群应包括在细菌总数内，出现大肠菌群比细菌总数多是不正常的。　（　　）

29. 大肠杆菌在人和动物肠道中正常栖居,不对人有致病性。 （　　）

30. 大肠菌群测定的一般步骤是初发酵—复发酵。 （　　）

31. 测定大肠菌群时,如乳糖胆盐发酵管不产气,则可报告大肠菌群阴性。 （　　）

32. 大肠杆菌和大肠菌群是同一个概念。 （　　）

33. 霉菌检验程序和步骤与细菌相同。 （　　）

34. 稀释平板计数时,霉菌和酵母菌的计数标准是选择每个平皿中菌落数在 $10\sim100$ 个的稀释度进行计数。 （　　）

35. 食品加工环节卫生的细菌菌落总数检测报告结果用 CFU/cm^3 表示。 （　　）

36. 用于微生物检验所采的样品必须有代表性,按检验目的采取相应的采样方法。

（　　）

37. 微生物检验的采样方法,重量法通常用于采集集中样,拭子法用于采集一定面积的样品。 （　　）

38. 微生物检验采样时,散装食品的采样时用无菌采样器采集 5 倍或以上检验单位的样品,放入无菌容器内,总量应满足微生物指标检测的要求。 （　　）

39. 微生物监测采样时,盛样容器的标签上必须标明样品名称和样品序号以及其他需要说明的情况。 （　　）

40. 微生物检验样品采样的全过程均应遵循无菌操作程序。开启样品容器前,先将容器表面擦干净,然后用 75％酒精消毒开启部位及其周围。 （　　）

41. 微生物检验时,含有二氧化碳的液体检验前,应用无菌操作程序先将液体倒入小瓶中,然后覆盖纱布,轻轻振摇,使气体全部逸出。 （　　）

42. 食品加工设备卫生检验的样品采集方法有称量法、刷子刷洗法。 （　　）

43. 表面擦拭法采样检出的活菌总数不高,同时常导致检验的结果不一致。所以需两人共同进行采样工作。 （　　）

44. 食品加工环节卫生检验,如在清洁消毒或加工前后各取一份样品,对卫生管理的评估更合适。 （　　）

45. 空气中霉菌检验是为了防止霉菌孢子引起皮癣、鹅口疮、过敏性哮喘等疾病,以及对物品的污染。 （　　）

46. 菌落总数测定是用来判定食品被细菌污染的程度及其卫生质量,它反映食品在生产加工过程中是否符合卫生要求,以便对被检食品做出适当的卫生学评价。 （　　）

47. 具备培养微生物的设备即能满足菌落总数检验的需要。 （　　）

48. 菌落总数检验所用的培养基是营养琼脂培养基。 （　　）

49. 菌落总数检验在配制 10 倍递增稀释液时,每递增稀释一次即可换用一只 10 mL 灭菌吸管。 （　　）

50. 菌落总数培养时,如果样品中可能含有在琼脂培养基表面弥漫生长的菌落时,可在倾注凝固后的琼脂表面覆盖一薄层琼脂培养基,凝固后翻转平板,按培养条件培养。 （　　）

51. 菌落总数报告时,若只有一个稀释度平板上的菌落数在适宜计数范围内,计算两个平板菌落数的平均值,再将平均值乘以相应的稀释倍数,作为每 g(或 mL)中菌落总数结果。

（　　）

52. 大肠菌是一群在 36℃条件下培养 24 h 能发酵乳糖、产酸产气、需氧和兼性厌氧的革兰氏阴性无芽孢杆菌。 （　　）

53. 大肠菌群检验所用恒温培养箱的温度是 37℃±1℃。 （　）

54. 大肠菌群检验中和用的盐酸浓度是 10 mol/L。 （　）

55. 大肠菌群检测初发酵的程序是：检样制备→10 倍系列稀释→选择任意三个稀释度接种大肠菌群初发酵肉汤管。 （　）

56. 大肠菌群检验时样品均液的 pH 应用盐酸或氢氧化钠调节至中性。 （　）

57. 大肠菌群初发酵使用的培养基是月桂基胰蛋白胨肉汤。 （　）

58. 霉菌和酵母菌检验时，橡胶乳头和洗耳球是必备的实验材料。 （　）

59. 食品中霉菌和酵母菌检验的稀释液与细菌检验的稀释液完全相同。 （　）

60. 霉菌和酵母菌的检验程序与细菌检验程序相同。 （　）

61. 霉菌和酵母菌检验样液加入后，将凉至 46℃左右的培养基注入平皿约 15 mL，并转动平皿，混合均匀。 （　）

62. 霉菌和酵母菌计数的稀释度选择及菌落报告方式可参考国标的菌落总数检验方法。 （　）

63. 霉菌和酵母菌报告时，若只有一个稀释度平板上的菌落数在适宜计数范围内，计算两个平板菌落数的平均值，再将平均值乘以相应稀释倍数，作为每 g（或 mL）中菌落总数结果。 （　）

二、选择题

1. 采集一定面积的样品，通常用（　　）。
（A）质量法 　　　（B）拭子法 　　　（C）随机抽取法 　　　（D）分层抽取法

2. 采集中样，通常用（　　）。
（A）质量法 　　　（B）拭子法 　　　（C）随机抽取法 　　　（D）分层抽取法

3. 样品的制备过程必须在无菌操作的条件下进行，当开启样品容器前，先将容器表面擦干净，然后用（　　）消毒开启部位及其周围。
（A）75％酒精 　　（B）95％酒精 　　（C）消毒水 　　　（D）巴氏消毒液

4. 从样品的均质到稀释和接种，相隔时间不应超过（　　）。
（A）15 min 　　　（B）10 min 　　　（C）20 min 　　　（D）25 min

5. 采集后的样品应及时送检，若需要耽搁一段时间后才可检测，待检样品存放时间一般不应超过（　　）。
（A）12 h 　　　（B）24 h 　　　（C）36 h 　　　（D）48 h

6. 食品环节卫生检验样品的采集方法有表面擦拭法和（　　）。
（A）质量法 　　　（B）拭子法 　　　（C）随机抽取法 　　　（D）冲洗法

7. 消毒后，原有的菌落总数减少（　　）以上为合格。
（A）40％ 　　　（B）50％ 　　　（C）60％ 　　　（D）70％

8. 空气中细菌检验可以用郭霍氏简单平皿法将营养琼脂平皿或者（　　）琼脂平皿放在空气中进行培养。
（A）玉米 　　　（B）血液 　　　（C）马铃薯 　　　（D）伊红美蓝

9. 样品中样品是从样品（　　）取得的混合样品。
（A）各部分 　　　（B）一部分 　　　（C）大部分 　　　（D）特定部分

10. 食品卫生检验中食品的微生物学指标除致病菌不得检出外还包括细菌菌落总数和（　　）。

(A) 大肠菌群　　　　　　　　　　　　(B) 霉菌

(C) 金黄色葡萄球菌　　　　　　　　　(D) 沙门氏菌

11. 一般常规检样稀释液的选择上除无菌蒸馏水以外,还有（　　）。

(A) 蛋白胨水　　　　(B) 生理盐水　　　　(C) 磷酸盐缓冲液　　　　(D) 营养水

12. 为了得到较好的结果,在平板上细菌的菌落数要在（　　）。

(A) 200～300 CFU　　　　　　　　　　(B) 500～1 000 CFU

(C) 30～300 CFU　　　　　　　　　　(D) 以上都是

13. 平皿计数法测定活菌时,一般将待测菌液作一系列（　　）倍稀释。

(A) 5　　　　(B) 10　　　　(C) 100　　　　(D) 1000

14. 细菌菌落计数时,发现 10^{-2}、10^{-3} 稀释度的菌落分别为 210、37,那么该检样细菌数为（　　）CFU/g。

(A) 21 000　　　　(B) 3700　　　　(C) 22 455　　　　(D) 以上都不对

15. 按照 GB/T 4789.2 进行测定固体样品时,若两个接种最低稀释度样品的培养皿中均无菌落出现,则应报告（　　）CFU/g。

(A) 0　　　　　　　　　　　　　　　(B) <1

(C) <10　　　　　　　　　　　　　(D) <1×最低稀释倍数

16. 细菌菌落计数时,发现 1∶100、1∶1 000 稀释度的菌落分别为 230、20,那么该检样细菌数为（　　）CFU/g。

(A) 23 000　　　　(B) 48 000　　　　(C) 38 000　　　　(D) 56 000

17. 某饮料在做总数测定时,10^{-1} 平板上菌落数不可计,10^{-2} 平板上菌落总数为 295,10^{-3} 平板菌落数为 16,该样品应报告菌落总数（　　）CFU/mL。

(A) 29 500　　　　(B) 46 000　　　　(C) 37 750　　　　(D) 38 000

18. 平皿稀释法测定活菌数时,下列操作中正确的是（　　）。

(A) 将吸有溶液的吸量管插入稀释液　　(B) 稀释液一般是蒸馏水

(C) 所有稀释都用同一支吸量管　　　　(D) 每次稀释后,应将样品充分摇匀

19. 测定菌落总数时采用的培养基是（　　）。

(A) EMB 琼脂　　　(B) 平板计数琼脂　　　(C) 孟加拉红琼脂　　　(D) 三糖铁琼脂

20. 目前菌落总数的测定多用（　　）。

(A) 平皿计数法　　　(B) 血球计数法　　　(C) 稀释法　　　(D) 涂布法

21. 最常用的活菌计数法是（　　）。

(A) 称量法　　　　　　　　　　　　(B) 血球计数法

(C) 平皿计数法　　　　　　　　　　(D) 测定细胞中某些生理活性的变化

22. 用于菌落总数测定的营养琼脂的灭菌条件是（　　）。

(A) 115℃, 15 min　　　　　　　　　(B) 121℃, 15 min

(C) 110℃, 30 min　　　　　　　　　(D) 95℃, 30 min

23. 根据菌落总数的报告原则,某样品经菌落总数测定的数据为 3 775 CFU/mL,应报告为（　　）CFU/mL。

(A) 3 775　　　　(B) 3 800　　　　(C) 37 800　　　　(D) 40 000

24. 大肠菌群初发酵的培养条件是( )。

(A) 36℃,24 h
(B) 28℃,48 h

(C) 36℃,48 h
(D) 36℃,12 h

25. 在测定大肠菌群时,36℃±1℃培养48 h±2 h,观察导管内是否有气泡产生,在24 h± 2 h时,如未产气者( ),产气者( )。

(A) 继续培养至48 h±2 h,进行复发酵试验

(B) 为大肠菌群阴性,为大肠菌群阳性

(C) 继续培养至48 h±2 h,为大肠菌群阳性

(D) 为大肠菌群阳性,为大肠菌群阴性

26. 大肠菌群检验中使用的LST培养基按物理状态应属于( )。

(A) 固体培养基
(B) 液体培养基
(C) 半固体培养基
(D) 气体培养基

27. 复发酵后,如复发酵为阳性,则( )。

(A) 大肠菌群为阳性
(B) 大肠菌群为阴性

28. 大肠菌群的生物特性是( )。

(A) 革兰氏阳性、需氧和兼性厌氧
(B) 革兰氏阴性、需氧和兼性厌氧

(C) 革兰氏阳性、厌氧
(D) 革兰氏阳性、需氧

29. MPN/g(mL)是指( )。

(A) 每100 g(mL)检样中大肠菌群最可能数

(B) 每1 g(mL)检样中大肠菌群最可能数

(C) 每100 g(mL)检样中大肠菌群确切数

(D) 每1 g(mL)检样中大肠菌群确切数

30. 大肠菌群的生物学特性是( )。

(A) 发酵乳糖,产酸,不产气
(B) 不发酵乳糖,产酸,不产气

(C) 发酵乳糖,产酸,产气
(D) 发酵乳糖,不产酸,不产气

31. 大肠菌群测定的一般步骤是( )。

(A) 初发酵—分离—染色—复发酵
(B) 初发酵—分离—复发酵—染色

(C) 初发酵—复发酵—分离
(D) 初发酵—复发酵

32. 大肠菌群复发酵的培养条件是( )。

(A) 36℃,24 h
(B) 36℃,4 h
(C)36℃,48 h
(D) 36℃,12 h

33. 大肠菌群初发酵时,待检样样品接种乳糖发酵管,经48 h培养后如不产气,则大肠菌群( )。

(A) 阳性
(B) 阴性

(C) 需进一步试验
(D) 需接种伊红美兰平板

34. 大肠菌群初发酵采用的培养基是( )。

(A) EMB琼脂
(B) 平板计数琼脂

(C) 月桂基硫酸盐胰蛋白胨肉汤
(D) 煌绿乳糖胆盐肉汤

35. 大肠菌群复发酵采用的培养基是( )。

(A) EMB琼脂
(B) 平板计数琼脂

(C) 月桂基硫酸盐胰蛋白胨肉汤
(D) 煌绿乳糖胆盐肉汤

36. 大肠菌群检样量从0.1 mL(g)、0.01 mL(g)、0.001 mL(g)改为1.0 mL(g)、0.1 mL

(g)、0.01 mL(g)时,则表内数应相应降低( )倍。

(A) 10 　　　　(B) 100 　　　　(C) 1 000 　　　　(D) 10 000

37. 酵母菌和霉菌通常生长在( )。

(A) 室温下 　　(B) 36℃±1℃ 　　(C) 55℃±1℃ 　　(D) 以上都不是

38. 蛋糕中检出霉菌数分别为10⁻¹ 256,10⁻² 51,10⁻³ 11,则霉菌计数应为( )。

(A) 5 100 CFU/g 　　(B) 3 830 CFU/g 　　(C) 2 560 CFU/g 　　(D) 11 000 CFU/g

39. 在GB/4789中霉菌和酵母菌的检测方法中,所用的稀释液是( )。

(A) 蛋白胨水 　　(B) 生理盐水 　　(C) 蒸馏水 　　(D) 磷酸盐缓冲液

40. 霉菌及酵母菌测定结果,其单位为( )。

(A) CFU/kg(L) 　　　　　　　　　(B) CFU/100 g(mL)

(C) CFU/10 g(mL) 　　　　　　　(D) CFU/g(mL)

41. 某固体饮料检测霉菌及酵母菌时,取样25 g放入含225 mL灭菌水玻璃三角瓶中,振摇( )此时即为1∶10稀释液。

(A) 30 min 　　(B) 20 min 　　(C) 10 min 　　(D) 5 min

42. 测定霉菌和酵母菌时采用的培养基是( )。

(A) EMB琼脂 　　(B) 平板计数琼脂 　　(C) B—P琼脂 　　(D) 孟加拉红培养基

43. 霉菌和酵母菌的培养条件是( )。

(A) (36±1)℃, 5 d 　　　　　　　(B) (28±1)℃, 5 d

(C) (36±1)℃, 48 h 　　　　　　　(D) (28±1)℃, 24 h

44. 在霉菌和酵母菌的培养过程中观察时要注意轻拿轻放,避免( )散开,造成结果偏高。

(A) 孢子 　　(B) 菌体 　　(C) 鞭毛 　　(D) 芽孢

45. 在食品加工过程中,微生物的数量一般出现明显下降的趋势。但若发生二次污染,微生物的数量将( )。

(A) 迅速上升 　　(B) 缓慢上升 　　(C) 保持不变 　　(D) 以上都有可能

46. 罐头生产中以( )的芽孢作为灭菌的对象菌。

(A) 肉毒梭菌 　　(B) 枯草杆菌 　　(C) 蜡样杆菌 　　(D) 炭疽杆菌

47. 微生物检验采样时,大块固体食品割取时应( ),应用无菌刀具和镊子从不同部位割取。

(A) 兼顾表面与深部 　　　　　　　(B) 兼顾表面与底部

(C) 只取中心 　　　　　　　　　　(D) 只取表面

48. 微生物检验采样后,为防止样品中原有微生物的( )发生变化,样品在保存和运送过程中,应采取必要的措施。

(A) 种类 　　(B) 特性 　　(C) 大小 　　(D) 数量

49. 微生物检验样品的中样是从样品( )取得的混合样品。

(A) 各部分 　　(B) 一部分 　　(C) 大部分 　　(D) 指定部分

50. 微生物检验样品的大样是指从( )样品。

(A) 一部分 　　(B) 一整批 　　(C) 全部 　　(D) 一件

51. 微生物检验采样时,即食类预包装食品按( )取样,取的是最小零售预包装。

(A) 相同批次 　　(B) 不同批次 　　(C) 相同原料 　　(D) 不同班次

52. 微生物检验采样时,非即食类预包装小于 500 g 的固态食品的取样,是取相同批次的( )零售预包装。采样总量应满足微生物指标检验的要求。

(A) 最小 　　　　(B) 最大 　　　　(C) 相同 　　　　(D) 类似

53. 微生物检验采样时,盛养容器的标签应( )、清楚。

(A) 清洁 　　　　(B) 清晰 　　　　(C) 稳固 　　　　(D) 完整

54. 微生物检验采样时,采样标签应( ),具防水性,字迹不会被擦掉或脱色。

(A) 固定 　　　　(B) 牢固 　　　　(C) 稳固 　　　　(D) 耐久磨损

55. 微生物检验采样后,易腐和冷藏样品的运送与保存时,应将样品置于( )环境中(如冰壶)保存。

(A) 0～4℃ 　　　　(B) 2～5℃ 　　　　(C) 4～8℃ 　　　　(D) 8～10℃

56. 微生物检验采样后,冷冻样品运送与保存时应始终处于冷冻状态。可放入( )℃以下的冰箱内,也可短时保存在泡沫塑料隔热箱内(箱内有干冰可以维持在 0℃以下)。

(A) －20 　　　　(B) －18 　　　　(C) －15 　　　　(D) －10

57. 微生物检验时从样品的均质到稀释和接种,间隔时间不应超过( )。

(A) 15 min 　　　　(B) 30 min 　　　　(C) 45 min 　　　　(D) 60 min

58. 微生物检验时,半固体或黏性液体在样品制备时,应将灭菌容器称取混匀后的检样与预热至( )℃的灭菌稀释液充分振摇混合。

(A) 35 　　　　(B) 37 　　　　(C) 42 　　　　(D) 45

59. 用于微生物检验的奶油、冰激凌、冰棍和( )等检验样品制备时,应将称取后的样品与预先置于 45℃水浴中的稀释液混合,待溶解后(控制时间在 15 min 内)再按操作程序检验。

(A) 奶酪 　　　　(B) 糖果 　　　　(C) 酸奶 　　　　(D) 奶粉

60. 用于无色检验的液体样品的制备是以无菌吸管吸取 25 mL 样品,加入盛有 225 mL 稀释液灭菌容器内,制成 1∶10 的样品均液。饮料和( )可以直接吸取原液。

(A) 酱油 　　　　(B) 酒类 　　　　(C) 牛奶 　　　　(D) 糟卤

61. 食品加工使用的一般容器和设备的卫生检验,是用一定量( )反复冲洗与食品接触的表面,采集、收集冲液做微生物检验。

(A) 无菌生理盐水 　(B) 生理盐水 　(C) 无菌营养液 　(D) 营养液

62. 生产小用具表面擦拭法采样做菌落检验时,检验结果报告用( )表示。

(A) CFU/100 cm² 　(B) CFU/10 cm² 　(C) CFU/1 cm² 　(D) CFU/个

63. 消毒后原有菌落总数减少( )以上,则食品加工环节卫生检验清洁消毒效果评价良好。

(A) 90% 　　　　(B) 80% 　　　　(C) 70% 　　　　(D) 60%

64. ( )不是空气样品的采样方法。

(A) 过滤 　　　　(B) 直接沉降法 　　　　(C) 气流吸附法 　　　　(D) 气流撞击法

65. 空气中霉菌检验是为了防止霉菌孢子引起皮癣、鹅口疮、过敏性哮喘等疾病,以及对( )的污染。

(A) 环境 　　　　(B) 呼吸道 　　　　(C) 物品 　　　　(D) 食品

66. 空气中霉菌检验,可用马铃薯琼脂培养基或( )琼脂培养基暴露在空气中作直接沉降法检验。

（A）玉米 （B）血液 （C）营养琼脂 （D）伊红美兰

67. 菌落总数是指在（　　）条件下，在中温、一定时间内，在平板计数琼脂培养基上生长的细菌菌落总数。

（A）36℃±1℃ （B）36℃±2℃ （C）42℃±1℃ （D）42℃±2℃

68. 菌落总数检验的材料主要有：酒精灯、（　　）吸管、广口瓶或三角烧瓶等。

（A）三脚架 （B）试管 （C）滴定管 （D）pH 计

69. 菌落总数检验所用的稀释液有生理盐水、蒸馏水和（　　）等。

（A）肉浸液 （B）BP 缓冲液 （C）酵母浸液 （D）磷酸盐缓冲液

70. 菌落总数检验所用无菌生理盐水的浓度是（　　）。

（A）0.75％ （B）0.85％ （C）85％ （D）75％

71. 菌落总数检验从制备样品匀液到样品接种完毕，全过程不得超过（　　）min。

（A）15 （B）20 （C）25 （D）30

72. 菌落总数检验在样品制备、稀释时，称取 25 g 样品置盛有（　　）mL 磷酸盐缓冲液的无菌均质杯内均质。

（A）175 （B）200 （C）225 （D）250

73. 碳酸饮料在做菌总数检验时，1∶10 的样品均液是以无菌吸管吸取（　　）样液制备的。

（A）1 mL 样品沿管壁缓慢注入盛有 9 mL 稀释液的无菌试管中

（B）10 mL 样品沿管壁缓慢注入盛有 90 mL 稀释液的无菌试管中

（C）25 mL 样品加入盛有 225 mL 稀释液的灭菌容器中

（D）20 mL 样品加入盛有 250 mL 稀释液的灭菌容器中

74. 菌落总数检验样液接种后，及时将凉至（　　）平板计数琼脂培养基倾注平皿，并转动平皿使其混合均匀。

（A）40℃ （B）44℃ （C）46℃ （D）48℃

75. 水产品的菌落总数检验所用恒温培养的温度是（　　）。

（A）30℃±1℃ （B）30℃±2℃ （C）36℃±1℃ （D）36℃±2℃

76. 水产品的菌落总数检验所用恒温培养的时间是（　　）。

（A）48 h±2 h （B）48 h±3 h （C）72 h±2 h （D）72 h±3 h

77. 菌落计数以菌落形成单位（　　）表示。

（A）cfu （B）CFU （C）UFC （D）ufc

78. 菌落总数计数时当平板上若有蔓延菌落生长，其片状不到平板的一半，而其中一半中菌落分布又很均匀，即可计算（　　）代表一个平板菌落数。

（A）其中菌落分布很均匀菌落的总和

（B）半个平板计数乘以 2

（C）将片状菌落与分布很均匀菌落相加

（D）将两个平板上片状菌落与分布很均匀菌落相加，除以 2

79. 菌落总数报告时，若有三个连续稀释度的平板菌落数，在 1∶10 稀释度的菌落是多不可计；在 1∶100 稀释度的菌落数是 325，330；在 1∶1000 稀释度的菌落数是 25，28，则样品中菌落数为（　　）。

（A）27 000 （B）26 500 （C）32 800 （D）30 000

80. 大肠菌群主要来源于人畜粪便,作为( )指标评价食品的卫生状况。

(A) 污染物　　　　(B) 粪便污染　　　　(C) 有害物质　　　　(D) 致病菌

81. 大肠菌群作为食品的卫生指标,其意义是推断食品中有否污染( )的可能。

(A) 肠道致病菌　　(B) 肠道非致病菌　　(C) 沙门氏菌　　　　(D) 致病菌

82. 大肠菌群检验所用天平的感量是( )g。

(A) 1　　　　　　　(B) 0.1　　　　　　(C) 0.01　　　　　　(D) 0.001

83. 大肠菌群检验初发酵所用的培养基是( )。

(A) LST　　　　　　(B) SS　　　　　　(C) EMB　　　　　　(D) BGLB

84. 大肠菌群检验所用的培养基每管应分装( )mL。

(A) 5　　　　　　　(B) 10　　　　　　(C) 15　　　　　　(D) 20

85. 大肠菌群检验复发酵培养结束时,观察颜色变化和导管内是否有气泡产生,如( )则可以做样品中大肠菌群阳性结果报告。

(A) 产酸不产气　　(B) 产气不产酸　　(C) 产酸产气　　　　(D) 不产酸不产气

86. 大肠菌群检验样液中和用的盐酸浓度是( )。

(A) 1 mol/L　　　　(B) 10 mol/L　　　(C) 1%　　　　　　(D) 10%

87. 大肠菌群检验样液中和用的氢氧化钠浓度是( )。

(A) 1%　　　　　　(B) 10%　　　　　　(C) 1 mol/L　　　　(D) 10 mol/L

88. 大肠菌群初发酵肉汤最长培养时间是( )。

(A) 24 h±2 h　　　(B) 24 h±3 h　　　(C) 48 h±2 h　　　(D) 48 h±3 h

89. 大肠菌群检验接种初发酵肉汤时,每个稀释度接种( )管初发酵肉汤。

(A) 2　　　　　　　(B) 3　　　　　　　(C) 4　　　　　　　(D) 5

90. 大肠菌群检验复发酵试验所用的培养基是( )。

(A) LST　　　　　　(B) SS　　　　　　(C) EMB　　　　　　(D) BGLB

91. 大肠菌群检验复发酵试验是在 36℃±1℃ 培养,所需最长时间是( )观察生长情况。

(A) 24 h±2 h　　　(B) 24 h±3 h　　　(C) 48 h±2 h　　　(D) 48 h±3 h

92. 大肠菌群检验结果报告,是证实为大肠菌群阳性管数,查 MPN 检索表,报告( )。

(A) 每 g(或 mL)样品中大肠菌群的 MPN 值

(B) CFU/g

(C) CFU/mL

(D) 每 100 g(或 mL)样品中大肠菌群的 MPN 值

93. 大肠菌群检验结果报告时,以( )(MPN)报告,是对样品活菌密度的估测。

(A) 最大值　　　　(B) 最小值　　　　(C) 最可能数　　　　(D) 95%的可能数

94. 霉菌和酵母菌检验原理是依据霉菌和酵母菌通常在低 pH、高湿度、( )、低温贮存等,并含有抗生素的食品中出现而制定的检验方法。

(A) 高氮低盐　　　(B) 高氮低糖　　　(C) 高盐高糖　　　　(D) 低盐低糖

95. 霉菌和酵母菌检验的意义是:在某些情况下,霉菌和酵母菌不仅造成食品的腐败变质,有些霉菌还能够合成有毒代谢产物( )。

(A) 抗生素　　　　(B) 内毒素　　　　(C) 外毒素　　　　　(D) 霉菌毒素

96. 霉菌和酵母菌检验所用恒温水浴锅的温度是( )。

(A) 45℃±1℃　　　(B) 45℃±2℃　　　(C) 47℃±1℃　　　(D) 47℃±2℃

97. 霉菌和酵母菌检验所用的平板直径是(　　)mm。

(A) 50　　　　　　(B) 70　　　　　　(C) 90　　　　　　(D) 110

98. 食品中常用于霉菌和酵母菌检验的培养基有马铃薯-葡萄糖琼脂、孟加拉红琼脂和(　　)。

(A) 巧克力平板　　(B) 高盐察氏　　(C) 改良马丁琼脂　　(D) 玫瑰红琼脂

99. 孟加拉红培养基中添加的孟加拉红具有抑制霉菌菌落的蔓延生长,同时还具有(　　)的作用。

(A) 指示剂　　　　(B) 抑制细菌　　(C) 显色剂　　　　(D) 营养素

100. 霉菌、酵母菌检验稀释时,根据对样品污染状况估计,选择2~3个适宜连续稀释度的样品均液,(　　)无菌平皿内。

(A) 每个稀释度分别吸取1 mL样品均液加入两个

(B) 在进行10倍递增稀释时,每个稀释度分别吸取1 mL样品均液加入两个

(C) 每个稀释度分别吸取1 mL样品均液加入一个

(D) 在进行10倍递增稀释时,每个稀释度分别吸取1 mL样品均液加入一个

101. 霉菌和酵母菌检验制备样品时,以无菌操作将检样25 g(或25 mL),注入盛有225 mL稀释液的波塞三角瓶内,振摇(　　)min,即为1∶10的稀释液。

(A) 10　　　　　　(B) 15　　　　　　(C) 20　　　　　　(D) 30

102. 霉菌、酵母菌检验稀释时,取1 mL 1∶100稀释液注入含有9 mL灭菌水的试管内,振摇试管混合均匀,另换一支1 mL灭菌吸管吹吸(　　)次,制成1∶1 000的稀释液。

(A) 50　　　　　　(B) 30　　　　　　(C) 10　　　　　　(D) 5

103. 霉菌、酵母菌检验稀释时,用灭菌吸管吸取1∶10稀释液10 mL,注入另一支无菌空试管中,另用带橡皮乳头的1 mL灭菌吸管反复吹吸(　　)次。

(A) 80　　　　　　(B) 50　　　　　　(C) 30　　　　　　(D) 5

104. 霉菌、酵母菌检验接种时,待琼脂凝固后,翻转平皿,置(　　)恒温培养箱内培养。

(A) 20~25℃　　　(B) 25~28℃　　　(C) 25~30℃　　　(D) 28~32℃

105. 霉菌、酵母菌检验接种,待琼脂凝固后,翻转平皿,置一定温度的恒温培养箱内培养,培养时间为(　　)。

(A) 2 d后开始观察,共培养4 d　　　　(B) 3 d后开始观察,共培养5 d

(C) 3 d后开始观察,共培养6 d　　　　(D) 4 d后开始观察,共培养7 d

106. 霉菌、酵母菌培养过程中菌落观察时要注意轻拿轻放,避免(　　)散开,造成结果偏高。

(A) 孢子　　　　　(B) 菌丝　　　　　(C) 鞭毛　　　　　(D) 芽孢

107. 霉菌和酵母菌数结果报告时,每g(或每mL)食品中所含数量以(　　)表示。

(A) CFU/g(mL)　　(B) cfu/g(mL)　　(C) CFU/g(ML)　　(D) CFU/G(ML)

108. 霉菌、酵母菌报告时,若有三个连续稀释度的平板菌落数,霉菌在1∶10稀释度的菌落数为多不可计;1∶100稀释度的菌落数是110,111;在1∶1 000稀释度的菌落数是9,8,则样品中的霉菌数为(　　)。

(A) 11 100　　　　(B) 11 000　　　　(C) 11 050　　　　(D) 110

109. 在检验肠道细菌时应将培养物置(　　)培养。

（A）28℃　　　　　（B）25℃　　　　　（C）36℃　　　　　（D）45℃

110. 菌落总数检验所用恒温培养箱的温度是（　　）。

（A）36℃±1℃　　　（B）36℃±2℃　　　（C）42℃±1℃　　　（D）42℃±2℃

综合测试题一

一、判断题

1. 微生物是一大类结构简单的原核生物。 （ ）
2. 一般肥沃的土壤中，微生物的数量以细菌为最多。 （ ）
3. 原核生物都具有细胞壁。 （ ）
4. 微生物是一群用肉眼直接看不见或看不清的小生物。 （ ）
5. 细菌染色用的染料主要是碱性染料。 （ ）
6. 细菌染色法中，最常用最重要的鉴别染色法是简单染色。 （ ）
7. 革兰氏染色是由于细菌细胞壁化学组分不同。 （ ）
8. 革兰氏染色是由于与细胞壁化学反应作用的结果。 （ ）
9. 革兰氏染色方法的关键步骤是酒精脱色。 （ ）
10. 革兰氏染色中卢戈氏碘液的作用是媒染剂。 （ ）
11. 革兰氏染色后，阳性细菌呈紫红色。 （ ）
12. 革兰氏染色后，阴性细菌呈咖啡色。 （ ）
13. 细菌是单细胞原核微生物。 （ ）
14. 细菌的主要繁殖方式是二分裂殖。 （ ）
15. 细菌在不同生长条件下，形态可能有变化。 （ ）
16. 大多数细菌的个体形态呈球状。 （ ）
17. 存在于细菌细胞壁内的毒素称外毒素。 （ ）
18. 革兰氏阴性细菌细胞壁的外壁层类脂 A 是致病因子所在。 （ ）
19. 青霉素的抗菌作用主要涉及细菌肽聚糖的合成。 （ ）
20. 革兰氏阳性细菌细胞壁只含有肽聚糖。 （ ）
21. 革兰氏阴性细菌的细胞壁包括内壁层和外壁层，因此这类细菌的细胞壁通常比革兰氏阳性细菌的细胞壁来得厚。 （ ）
22. 革兰氏阴性细菌致病的毒性成分是脂质。 （ ）
23. 只有某些种类的细菌才能在一定的条件下形成芽孢。 （ ）
24. 细菌的芽孢和霉菌的孢子都是繁殖体。 （ ）
25. 细菌的芽孢是繁殖体。 （ ）
26. 芽孢是细菌细胞抗不良环境的细胞体。 （ ）
27. 细菌的芽孢在适宜的条件下就繁殖出子细胞。 （ ）
28. 细菌的荚膜多半是由多糖所组成的。 （ ）
29. 鞭毛是着生于细胞表面的运动器官。 （ ）
30. 细菌的鞭毛不会失去。 （ ）
31. 放线菌和霉菌都是能够形成菌丝体的真核微生物。 （ ）
32. 目前临床上使用的抗生素，大部分由放线菌产生的。 （ ）
33. 真菌是能够形成菌丝体的微生物。 （ ）
34. 青霉素能杀死真菌。 （ ）

35. 酵母菌的细胞壁的主要成分是几丁质。　　　　　　　　　　　（　　）

36. 酵母菌是单细胞微生物,其主要繁殖方式是芽殖。　　　　　　（　　）

37. 酵母菌能形成与霉菌相似的菌丝。　　　　　　　　　　　　　（　　）

38. 酵母是具有真核细胞基本特征的多细胞微生物。　　　　　　　（　　）

39. 在果汁类食品中,引起腐败变质的常见的是酵母菌和霉菌。　　（　　）

40. 在微生物中,只有霉菌才能以菌丝体的形式进行生长。　　　　（　　）

41. 霉菌适合生长的 pH 范围为 7～9,所以也是肉类的主要污染菌。　（　　）

42. 霉菌检样的稀释过程与细菌菌落总数的稀释过程相同。　　　　（　　）

43. 大多数食物中毒是由微生物所引起的。　　　　　　　　　　　（　　）

44. 食用前将食品充分加热可以防止一些食物中毒。　　　　　　　（　　）

45. 无菌室每次使用前后,应用紫外线灯照射消毒。　　　　　　　（　　）

46. 进入检验室不必穿工作服。　　　　　　　　　　　　　　　　（　　）

47. 显微镜的发明人是列文虎克。　　　　　　　　　　　　　　　（　　）

48. 油镜观察使用后,油镜需用擦镜纸蘸二甲苯去除油迹。　　　　（　　）

49. 牛肉膏蛋白胨培养基是常用的细菌培养基。　　　　　　　　　（　　）

50. 琼脂是常用培养基中重要的营养物质。　　　　　　　　　　　（　　）

51. 培养一般细菌的培养基,其酸碱度一般偏中性或微碱性。　　　（　　）

52. 在配制固体培养基时,常用的凝固剂是琼脂。　　　　　　　　（　　）

53. 高压蒸汽灭菌适用于所有培养基和物品的消毒。　　　　　　　（　　）

54. 培养基灭菌时,当高压蒸汽灭菌完毕,即应立即关闭火源并打开排气阀。（　　）

55. 微生物检验用检样的采集与化学检验样品采集方式相同。　　　（　　）

56. 进行食品检样检验时,可先进行化学检验,后进行微生物检验。（　　）

57. 固体食品检样均质时间越长,检测效果越好。　　　　　　　　（　　）

58. 样品制备过程无需在无菌操作条件下。　　　　　　　　　　　（　　）

59. 配制微生物培养基时,都必须加入作为能源的物质。　　　　　（　　）

60. 任何微生物培养基中均需含有碳源、氮源、无机盐、生长因子和水分等五种营养物质。

　　　　　　　　　　　　　　　　　　　　　　　　　　　　　（　　）

61. 真菌、放线菌、细菌都属于化能异养菌。　　　　　　　　　　（　　）

62. 琼脂是常用培养基中重要的营养物质。　　　　　　　　　　　（　　）

63. 对数生长期的最大特点是群体生长速度越来越快。　　　　　　（　　）

64. 处于对数生长期的细菌,代谢活性最强,同时贮藏性物质等代谢产物也都大量积累。

　　　　　　　　　　　　　　　　　　　　　　　　　　　　　（　　）

65. 微生物处于最低生长温度范围内时仍然能够进行繁殖。　　　　（　　）

66. 微生物的数量越多,产生的热量越多,抗热力就越低。　　　　（　　）

67. 兼性需氧微生物能在有氧或无氧情况下生长。　　　　　　　　（　　）

68. 一般细菌生长的 pH 都是偏酸性。　　　　　　　　　　　　　（　　）

69. 类毒素是经过减毒处理的抗体。　　　　　　　　　　　　　　（　　）

70. 由于内毒素的相对分子质量大可制成抗毒素。　　　　　　　　（　　）

71. 通过测定菌落数可以如实地反映食品中细菌的含量。　　　　　（　　）

72. 食品中细菌总数的测定可预测食品的耐存的程度。　　　　　　（　　）

73. 微生物的环境卫生检查是防止和减少食品二次污染。 （　　）

74. 固体检样经检测无细菌菌落生长，报告该检样菌落数为1。 （　　）

75. 分别有粪便和非粪便来源的大肠菌群细菌。 （　　）

76. 肠杆菌科细菌发酵葡萄糖产酸一定产气，产气不一定产酸。 （　　）

77. 大肠菌群数是以1 mL(g)检样内大肠菌群最大可能数表示。 （　　）

78. 大肠菌群检测时，发酵和复发酵试验，主要是利用大肠菌群能发酵乳糖产酸、产气的生理学特性。 （　　）

79. 黄曲霉毒素引起幼年动物的损伤大于老年动物。 （　　）

80. 真菌毒素的发病具有一定的季节性。 （　　）

二、选择题

1. 倾注平板要倒置在培养箱中，以便（　　）。
（A）能避免平板干燥　　　　　　　　（B）平板叠摆方便
（C）避免水滴凝集在琼脂表面　　　　（D）结果观察

2. 测定细菌菌落总数时，做1∶10稀释液，可将（　　）。
（A）0.1 mL加到平板上　　　　　　　（B）1 mL加入9 mL灭菌生理盐水中
（C）10 mL加入90 mL灭菌生理盐水中　（D）以上都是

3. 微生物检测需要的原始记录内容在下列选项中有（　　）。
（A）样品名称　　　　　　　　　　　　（B）采用检测标准
（C）无菌操作要求　　　　　　　　　　（D）样品的感官特征
（E）微生物的形态

4. 检验粮食中霉菌常用的培养基是（　　）。
（A）牛肉膏蛋白胨培养基　　　　　　（B）麦芽汁培养基
（C）高氏1号培养基　　　　　　　　　（D）孟加拉红培养基

5. 糕点、饼干、面包卫生标准中产品销售的霉菌数应小于（　　）。
（A）60　　　　（B）100　　　　（C）150　　　　（D）200

6. 霉菌和酵母菌数应选择在（　　）到（　　）之间计数。
（A）10　　　　（B）20　　　　（C）30　　　　（D）100
（E）150

7. 以下不是被真菌毒素污染的食物去毒方法是（　　）。
（A）碱处理法　　　（B）加热处理法　　　（C）硫处理法　　　（D）物理筛选

8. 大肠菌群数测定时，37℃培养24 h，能发酵乳糖（　　）为阳性。
（A）产酸　　　　（B）产酸产气　　　　（C）产酸不产气　　　　（D）产气不产酸

9. 大肠菌群的细菌是（　　）。
（A）革兰氏阴性　　　　　　　　　　　（B）革兰氏阳性
（C）革兰氏阴、阳性不定　　　　　　　（D）以上都不是

10. 为了得到较好的结果，在倾注平板上细菌的菌落数要在（　　）。
（A）200和300之间　　　　　　　　　（B）500和1 000之间
（C）30和300之间　　　　　　　　　　（D）以上都是

11. 细菌的致病力主要取决于(　　)。
(A) 侵袭力强弱　　　　　　　　　(B) 毒素毒性强弱
(C) 侵袭力和毒素　　　　　　　　(D) 侵袭性酶类和毒素

12. 外毒素的化学成分是(　　)。
(A) 脂多糖　　　(B) 蛋白质　　　(C) 脂肪酸　　　(D) 氨基酸

13. 下列关于内毒素的叙述中错误的是(　　)。
(A) 内毒素共同化学结构是由三部分组成　　(B) 内毒素不耐热
(C) 内毒素毒性较外毒素弱　　　　　　　　(D) 内毒素的抗原性较外毒素弱

14. 一般的细菌生长最适宜的 pH 是(　　)。
(A) 3.0～3.6　　　(B) 5.0～5.6　　　(C) 6.5～7.5　　　(D) 8.0～8.6

15. 一般真菌适宜的生长环境 pH 为(　　)。
(A) 6.2～7.0　　　(B) 5.8～7.5　　　(C) 4.5～5.5　　　(D) 8.0～10

16. 根据微生物与氧的关系,除微量需氧微生物、厌氧微生物外还有的类型为(　　)。
(A) 需氧微生物　　　(B) 兼性需氧微生物　　(C) 无氧微生物　　　(D) 纯氧微生物

17. 菌数在(　　)期最高。
(A) 延迟期　　　(B) 对数期　　　(C) 稳定期　　　(D) 衰亡期

18. 下列可用于活菌总数计数的方法是(　　)。
(A) 血球计数器计数　(B) 平板计数　　　(C) 比浊法　　　(D) DNA 含量测定

19. 接种细菌最好选用细菌时期的是(　　)。
(A) 延迟期　　　(B) 对数期　　　(C) 稳定期　　　(D) 衰亡期

20. 影响微生物生长最重要的非生物因素是(　　)。
(A) 酸度　　　(B) 温度　　　(C) 水分　　　(D) 碱性

21. 化能异养微生物的碳源是(　　)。
(A) CO_2　　　(B) 无机还原物　　　(C) 无机氧化物　　　(D) 有机物

22. 关于异养微生物的叙述中错误的是(　　)。
(A) 利用有机物为主要或唯一碳源　　　(B) 生长所需能量来自光或有机物的氧化
(C) 不能在完全无机的环境中生长　　　(D) 绝对不能利用 CO_2 生长

23. 关于细菌营养分型不正确的叙述是(　　)。
(A) 异养菌是必须供给复杂的有机物才能生长繁殖的细菌
(B) 寄生菌都是寄生于活的动植物体内,从宿主体内的有机物中获得营养,属于异养菌
(C) 腐生菌是以无生命的有机物作为营养物质,它不属于异养菌
(D) 自养菌是具有完善的酶系统,可以合成原生质的细菌

24. 细菌生长繁殖中所需营养物质,其中葡萄糖、淀粉、甘露醇等属于(　　)。
(A) 碳源　　　(B) 氮源　　　(C) 无机盐类　　　(D) 维生素类

25. 微生物吸收营养的方式除有被动扩散、促进扩散、基团转移外,还有(　　)。
(A) 扩散　　　(B) 主动运输　　　(C) 自行吸收　　　(D) 主动吸收

26. 固体食品在均质器内进行均质时间一般为(　　)。
(A) 1 min　　　(B) 3 min　　　(C) 5 min　　　(D) 10 min

27. 一般常规检样稀释液的选择上,除磷酸盐缓冲溶液以外,还有(　　)。
(A) 重蒸馏水　　　(B) 盐酸水　　　(C) 生理盐水　　　(D) 碱水

28. 常用于装在玻璃容器中培养基的灭菌方法是( )。
（A）干热灭菌法　　（B）间歇灭菌法　　（C）高压蒸汽灭菌法（D）巴氏灭菌法

29. 高压灭菌时,灭菌效果不仅与高压蒸汽温度、压力、时间有关,还与蒸汽饱和程度有关,所以要达到灭菌效果需要( )。
（A）排出锅内全部冷气　　　　　　　　（B）排出 2/3 冷气即可
（C）排出 1/2 冷气也行　　　　　　　　（D）不用排出冷气就行

30. 干热灭菌法适用于( )。
（A）玻璃器皿　　（B）液体培养基　　（C）橡胶的物品　　（D）金属器具
（E）以上都可以

31. 有关细菌培养基的说法中错误的是( )。
（A）固体培养基中的琼脂含量为 2%～3%
（B）半固体培养基中的琼脂含量为 0.2%～0.5%
（C）固体培养基中的琼脂具有重要的营养价值
（D）观察细菌的动力用半固体培养基

32. 一般固体培养基中琼脂的含量为( )。
（A）1%　　　　（B）2%　　　　（C）10%　　　　（D）20%

33. 琼脂的熔点温度为( ),凝固点温度为( )。
（A）60℃　　　　（B）100℃　　　　（C）120℃　　　　（D）45℃
（E）40℃

34. 单个细菌在固体培养基上生长出来的是( )。
（A）沉淀　　　　（B）菌团　　　　（C）菌体　　　　（D）菌落

35. 根据成分培养基,除半合成外还有( )。
（A）天然　　　　（B）合成　　　　（C）无合成　　　　（D）半天然
（E）以上都是

36. 显微镜油镜的放大倍数和数值孔口径是( )。
（A）100×1.0　（B）50×1.25　　（C）100×1.25　　（D）40×1.25

37. 无菌室的空气消毒,常采用的方法是( )。
（A）高锰酸钾液喷洒　　　　　　　　　（B）紫外线照射
（C）来苏尔喷洒　　　　　　　　　　　（D）石碳酸喷洒

38. 无菌室的紫外灯消毒灭菌时间应超过( )。
（A）15 min　　（B）30 min　　　（C）45 min　　　（D）5 min

39. 微生物检验室基本条件是( )。
（A）光线明亮　　　　　　　　　　　　（B）可带入衣物
（C）有防风、防尘设备　　　　　　　　（D）洁净无菌
（E）可加工食物

40. 影响食品安全的主要因素除化学性污染、放射性污染外,还有( )。
（A）生物性污染　　（B）河水污染　　（C）人为污染　　（D）以上都是

41. 食品由于微生物引起变质的基本条件除食品特性、环境条件外,还有( )。
（A）人员因素　　　　　　　　　　　　（B）微生物的种类及数量
（C）加工因素　　　　　　　　　　　　（D）以上都是

42. 食品卫生检验中一般食品的微生物学指标除致病菌不得检出外,还包括( )。
(A) 细菌菌落总数　　　　　　　　　　(B) 大肠菌群数
(C) 真菌不得检出　　　　　　　　　　(D) 病毒数
(E) 支原体不得检出

43. 霉菌属( )微生物。
(A) 单细胞　　　　(B) 多细胞　　　　(C) 单细胞和多细胞 (D) 都不是

44. 霉菌细胞壁的主要成分是( )。
(A) 葡聚糖　　　　(B) 肽聚糖　　　　(C) 几丁质　　　　(D) 甘露聚糖
(E) 纤维素

45. 酵母和霉菌通常生长在( )。
(A) 室温下　　　　(B) 37℃　　　　(C) 55℃　　　　(D) 以上都不是

46. 酵母菌的主要繁殖方式为( )。
(A) 二分裂　　　　(B) 出芽　　　　(C) 复制　　　　(D) 菌丝分裂

47. 酵母菌细胞壁的主要成分为( )。
(A) 几丁质　　　　(B) 纤维素　　　　(C) 甘露聚糖　　　　(D) 肽聚糖

48. 酵母菌的基本形态主要有( )。
(A) 卵形　　　　(B) 圆形　　　　(C) 方形　　　　(D) 杆状
(E) 弧形

49. 真菌是一类具有细胞壁,不含( ),无根、茎、叶分化,由单细胞和多细胞组成的真核微生物。
(A) 纤维素　　　　(B) 叶绿素　　　　(C) 多糖　　　　(D) 以上都是

50. 具有多种繁殖方式的微生物是( )。
(A) 细菌　　　　(B) 病毒　　　　(C) 弧菌　　　　(D) 真菌

51. 真核生物细胞核特点是( )。
(A) 具有核膜　　　　(B) 无核膜　　　　(C) 具有核仁　　　　(D) 无核仁
(E) 无完整核结构

52. 关于放线菌叙述,下列正确的是( )。
(A) 革兰氏阳性球菌　　　　　　　　　(B) 革兰氏阴性球菌
(C) 革兰氏阴性杆菌　　　　　　　　　(D) 革兰氏阳性菌

53. 在常规食品卫生检验中,较少涉及的微生物是( )。
(A) 放线菌　　　　(B) 细菌　　　　(C) 霉菌　　　　(D) 以上都不是

54. 放线菌菌丝根据其形态和功能,除孢子丝外,还可分为( )。
(A) 营养菌丝　　　　(B) 假菌丝　　　　(C) 气生菌丝　　　　(D) 多细胞菌丝
(E) 菌丝体

55. 鞭毛的主要功能是( )。
(A) 与细菌的结合有关　　　　　　　　(B) 与细菌的运动有关
(C) 与细菌的分裂繁殖有关　　　　　　(D) 与细菌的染色体有关

56. 有关荚膜的叙述中正确的是( )。
(A) 与细菌的致病有关　　　　　　　　(B) 与细菌分裂有关
(C) 与细菌生长能力有关　　　　　　　(D) 与细菌的接合有关

57. 对高温、干燥、化学消毒等有很强抵抗力的结构是( )。
(A) 荚膜   (B) 芽孢   (C) 鞭毛   (D) 质粒

58. 芽孢不是细菌的繁殖体,这是因为( )。
(A) 芽孢是细菌的休眠状态   (B) 不是所有细菌都产生芽孢
(C) 芽孢只在体外产生   (D) 一个芽孢发芽只能生成一个菌体

59. 在细菌的结构中,与消毒灭菌有密切关系的是( )。
(A) 荚膜   (B) 鞭毛   (C) 芽孢   (D) 细胞壁

60. 细菌芽孢内的耐热性物质是( )。
(A) 二氨基庚二酸   (B) N-乙酰胞壁酸   (C) β-羟基丁酸   (D) 2,6-吡啶二羧酸

61. 芽孢染色属于( )。
(A) 单染色法   (B) 复染色法   (C) 革兰氏染色   (D) 特殊染色法

62. 细菌的特殊结构包括( )。
(A) 细胞壁   (B) 细胞膜   (C) 芽孢   (D) 细胞质

63. 革兰氏阴性细菌内毒素的毒性部位主要成分是( )。
(A) 脂质   (B) 核心多糖   (C) 特异性多糖   (D) 脂蛋白

64. 肠杆菌科是( )。
(A) 革兰阴性杆菌   (B) 革兰阳性杆菌   (C) 革兰阳性球菌   (D) 芽孢杆菌

65. 革兰氏阴性杆菌内毒素属于细菌的何种结构成分( )。
(A) 外膜蛋白   (B) 脂质   (C) 鞭毛   (D) 脂多糖

66. 关于革兰氏阳性细菌细胞壁化学成分的叙述中正确的是( )。
(A) 革兰氏阳性细菌细胞壁的肽聚糖含量较低
(B) 革兰氏阳性细菌细胞壁中不含有磷壁酸(质)
(C) 革兰氏阳性细菌细胞壁中含有脂多糖
(D) 革兰氏阳性细菌细胞壁的脂质含量比革兰氏阴性细菌少

67. 下列( )成分为革兰氏阳性细菌特有。
(A) 脂多糖   (B) 磷壁酸   (C) 肽聚糖   (D) 脂蛋白

68. 青霉素主要被考虑用来抑制( )。
(A) 革兰氏阴性细菌   (B) 革兰氏阳性细菌
(C) 支原体   (D) 酵母菌

69. 细菌的革兰氏染色不同是因为( )。
(A) 细胞壁结构不同   (B) 细胞核结构不同
(C) 细胞膜结构不同   (D) 胞浆颗粒的有无或不同

70. 革兰氏阳性细菌细胞壁的化学组分是( )。
(A) 肽聚糖   (B) 磷壁酸   (C) 脂蛋白   (D) 磷脂
(E) 脂多糖

71. 革兰氏阴性细菌细胞壁的化学组分是( )。
(A) 肽聚糖   (B) 磷壁酸   (C) 脂蛋白   (D) 磷脂
(E) 脂多糖

72. 维持细菌固有形态的结构是( )。
(A) 芽孢   (B) 荚膜   (C) 核蛋白   (D) 细胞壁

73. 细菌的基本结构不包括（　　　）。

（A）细胞壁　　　　　　（B）细胞膜　　　　　　（C）鞭毛　　　　　　　（D）细胞质

74. 细菌按其外形,除螺形菌以外还有两大类是（　　　）（　　　）。

（A）葡萄球菌　　　　　（B）丝状　　　　　　　（C）杆菌　　　　　　　（D）芽孢菌

（E）球菌

75. 细菌属于原核微生物的理由是（　　　）。

（A）简单的二分分裂方式繁殖　　　　　　（B）单细胞生物

（C）较其他生物小得多　　　　　　　　　（D）核外无核膜包裹,核内无核仁

76. 细菌与其他生物相比,繁殖速度快,这主要是因为（　　　）。

（A）细菌细胞膜有半透性,可允许水分和养料选择性进入菌体

（B）细菌表面带有电荷,可以吸附养料有利于吸收

（C）细胞体积小,表面积大,有利于和外界进行物质交换

（D）细胞具有多种酶系统

77. 细菌的计量单位是（　　　）。

（A）nm　　　　　　　（B）mm　　　　　　　（C）μm　　　　　　　（D）cm

78. 革兰氏染色阳性菌和阴性菌的意义是（　　　）。

（A）大多数革兰氏阴性菌致病物质是外毒素

（B）大多数革兰氏阴性菌致病物质是内毒素

（C）大多数革兰氏阴性菌致病物质是某些酶类

（D）大多数革兰氏阴性菌有各种毒素

79. 革兰氏染色是重要的细菌鉴别染色之一,复染的作用是（　　　）。

（A）增加已着色菌颜色　　　　　　　　（B）使脱色菌体着色

（C）减弱着色菌体颜色　　　　　　　　（D）使革兰氏阳性菌的颜色改变

80. 细菌形态与结构检查法的描述中不正确的两项是（　　　）（　　　）。

（A）细菌形态与结构检查法包括显微镜放大法和染色法

（B）在革兰氏染色中,G^-菌被染成红色

（C）在革兰氏染色中,G^-菌被染成紫色

（D）在革兰氏染色中,G^+菌被染成紫色

（E）在革兰氏染色中,G^+菌被染成红色

81. 革兰氏染色中结晶紫溶液是起什么作用的溶液（　　　）。

（A）初染剂　　　　　　（B）复染剂　　　　　　（C）脱色剂　　　　　　（D）媒染剂

82. 在革兰氏染色中,95%酒精溶液是起什么作用（　　　）。

（A）初染剂　　　　　　（B）复染剂　　　　　　（C）脱色剂　　　　　　（D）媒染剂

83. 革兰氏染色过程中除结晶紫染色、复红沙黄复染以外,还有两项过程分别是（　　　）（　　　）。

（A）单染色　　　　　　（B）碘液媒染　　　　　（C）酒精脱色　　　　　（D）复合染色

（E）加重染色

84. 有关革兰氏染色的原理中不正确的是（　　　）。

（A）G^+菌细胞壁致密,乙醇不易透入

（B）G^-菌细胞的肽聚糖层很厚

(C) 胞内结晶紫-碘复合物可因乙醇溶解析出而脱色

(D) G^+菌细胞壁有破损时,可转为G^-

85. 细菌的革兰氏染色反应不同是因为(　　)。

(A) 有的有荚膜,有的无荚膜　　　　(B) 细胞壁结构不同

(C) 生理功能不同　　　　(D) 致病性不同

86. 革兰氏染色中卢戈氏碘液是起何作用的溶液(　　)。

(A) 初染剂　　(B) 复染剂　　(C) 脱色剂　　(D) 媒染剂

87. 肉、鱼等食品容易受到(　　)分解能力很强的变形杆菌、青霉等微生物的污染。

(A) 脂肪　　(B) 糖类　　(C) 蛋白质　　(D) 明胶

88. 腌菜、泡酸菜是(　　)微生物发酵制成的。

(A) 大肠杆菌　　(B) 乳酸菌　　(C) 霉菌　　(D) 芽孢杆菌

89. 酸性食品的腐败变质主要是由(　　)和霉菌引起的。

(A) 芽孢杆菌　　(B) 乳酸菌　　(C) 酵母菌　　(D) 细菌

90. 食品的 Aw 值在 0.60 以下,则认为(　　)不能生长。

(A) 细菌　　(B) 霉菌　　(C) 酵母菌　　(D) 微生物

91. 将食品贮存在 6.5℃环境中有利于(　　)生长。

(A) 嗜冷菌　　(B) 嗜温菌　　(C) 耐温菌　　(D) 耐冷菌

92. 高温微生物造成的食品变质主要为分解(　　)而引起。

(A) 脂肪　　(B) 蛋白质　　(C) 糖类　　(D) 有机物

93. 当食品中糖或盐的浓度越高,渗透压就越大,食品的 Aw 值则(　　)。

(A) 越大　　(B) 越小　　(C) 不变　　(D) 不确定

94. 酵母菌和霉菌一般能耐受较高的渗透压,常引起糖浆、(　　)、果汁等高糖食品的变质。

(A) 水果　　(B) 饮料　　(C) 果酱　　(D) 奶酪

95. 一般来讲,在有氧的环境中,食物变质速度(　　)。

(A) 减慢　　(B) 不变　　(C) 不确定　　(D) 加快

96. 把含水量少的脱水食品放在湿度大的地方,表面水分(　　)。

(A) 缓慢增加　　(B) 迅速增加　　(C) 不会增加　　(D) 迅速减少

97. 相当一部分食品的原料都来自田地,而土壤素有(　　)的"大本营"之说。

(A) 蛋白质　　(B) 矿物质　　(C) 维生素　　(D) 微生物

98. 土壤中的(　　)相对于其他微生物而言,所占比率最高,危害最大。

(A) 细菌　　(B) 酵母菌　　(C) 霉菌　　(D) 放线菌

99. 水在食品加工中是不可缺少的,它是食品的(　　)、清洗、冷却、冰冻等生产环节中不可缺少的重要物质。

(A) 消毒　　(B) 灭菌　　(C) 配料　　(D) 卫生

100. 食品质量安全市场准入制度(QS)中对(　　)用水有严格要求。

(A) 工业　　(B) 农业　　(C) 民用　　(D) 军用

101. 空气中常见的微生物主要是(　　)、耐紫外线的革兰氏阳性球菌、芽孢杆菌以及酵母菌、霉菌的孢子等。

(A) 耐酸　　(B) 耐冷　　(C) 耐干燥　　(D) 耐热

102. 空气中的微生物与土壤和污水中的微生物相比（　　）。

（A）数量多,分布极不均匀　　　　　　（B）数量少,分布极不均匀

（C）数量多,分布均匀　　　　　　　　（D）数量少,分布均匀

103. 食品制造储藏的场所是鼠、蝇、蟑螂等动物出没的场所,这些动物体表及（　　）均有大量微生物,经常是微生物的传播者。

（A）口腔　　　　　（B）消化道　　　　　（C）毛发　　　　　（D）肢体

104. 食品在加工前,原料大多营养丰富,在自然界中很容易受到微生物的污染,加之运输、储藏等原因,很容易造成微生物的（　　）。

（A）繁殖　　　　　（B）减少　　　　　（C）死亡　　　　　（D）休眠

105. 食品在加工过程中,要进行（　　）、加热或灭菌等工艺操作过程。这些操作过程若正常进行,可以使食品达到无菌或菌群减少的状态。

（A）清洗　　　　　（B）分级　　　　　（C）拣选　　　　　（D）包装

106. 企业的卫生管理包括环境卫生、生产设备卫生、食品从业人员的卫生以及食品的（　　）、销售、运输等环境的卫生。

（A）加热　　　　　（B）灭菌　　　　　（C）采购　　　　　（D）储藏

107. 真空或充氮包装,可以减弱（　　）生长。

（A）厌氧腐败微生物　　　　　　　　　（B）需氧腐败微生物

（C）耐氧腐败微生物　　　　　　　　　（D）需氧兼性厌氧微生物

108. 反映粪便污染程度的指示菌有总大肠菌群、耐热大肠菌群和（　　）。

（A）志贺氏菌　　　（B）大肠杆菌　　　（C）沙门氏菌　　　（D）变形杆菌

109. 微生物检验培养基中常见的酸碱指示剂有:酚红、中性红、溴甲酚紫、煌绿和（　　）等。

（A）甲基红　　　　（B）美兰　　　　　（C）孟加拉红　　　　（D）伊红

110. 琼脂其本身并无营养价值,但它是应用最广的凝固剂。但多次反复溶化,其凝固性会（　　）。

（A）增加　　　　　（B）不变　　　　　（C）降低　　　　　（D）消失

111. 配制微生物检验培养基分装三角瓶时,以不超过三角瓶容积的（　　）为宜。

（A）2/3　　　　　（B）1/3　　　　　（C）1/2　　　　　（D）3/5

112. 灭菌是杀灭物体中或物体上所有微生物的繁殖体和（　　）的过程。

（A）荚膜　　　　　（B）芽孢　　　　　（C）鞭毛　　　　　（D）菌毛

113. 干热灭菌法一般是把待灭菌的物品包装后,放入干燥箱中加热至（　　）。

（A）160℃,维持 2 h　　　　　　　　（B）170℃,维持 2 h

（C）180℃,维持 2 h　　　　　　　　（D）160℃,维持 4 h

114. （　　）是能损伤细菌外膜的阳离子表面活性剂。

（A）福尔马林　　　（B）结晶紫　　　　（C）漂白粉　　　　（D）新洁尔灭

115. 甲醛通常适用于（　　）。

（A）室内喷雾消毒地面　　　　　　　　（B）擦洗被污染的桌

（C）排泄物　　　　　　　　　　　　　（D）空气熏蒸消毒(无菌室)

116. 营养物质最后必须透过（　　）才能被微生物吸收。

（A）细胞壁　　　　（B）细胞膜　　　　（C）核质体　　　　（D）渗透酶

117. 微生物中( )属于自养型微生物。

(A) 蓝细菌 (B) 霉菌 (C) 腐生菌 (D) 寄生菌

118. 微生物的氧化作用可根据最终电子受体的性质,分为有氧呼吸作用、无氧呼吸作用和( )三种。

(A) 氧化作用 (B) 代谢作用 (C) 发酵作用 (D) 渗透酶作用

119. 微生物体内的能量转变就是( )。

(A) 新陈代谢 (B) 能量代谢 (C) 氧化作用 (D) 发酵作用

120. 微生物必须透过胞外酶把蛋白质分解成( ),才能被吸收利用。

(A) 丙酮酸 (B) 脂肪酸 (C) 氨基酸 (D) 乳酸

综合测试题二

一、判断题

1. 微生物可分为细菌、放线菌、霉菌和酵母菌四大类。　　　　　　　　　（　　）
2. 具有荚膜的肺炎双球菌其毒力强。　　　　　　　　　　　　　　　　　（　　）
3. 食用前将食品充分加热可以防止一些食物中毒的发生。　　　　　　　　（　　）
4. 细菌在不同生长条件下，形态可能有变化。　　　　　　　　　　　　　（　　）
5. 根据细菌所含 DNA 不同，可以将细菌分为革兰氏阴性菌和革兰氏阳性菌两大类。
   　　　　　　　　　　　　　　　　　　　　　　　　　　　　　　　　　（　　）
6. 所有细菌仅需要 20～30 min 即可繁殖一代。　　　　　　　　　　　　（　　）
7. 菌落是指一群细菌在固体培养基表面繁殖形成肉眼可见的集团。　　　　（　　）
8. 大肠杆菌是食品和饮用水卫生检验的指示菌。　　　　　　　　　　　　（　　）
9. 真菌进化程度高于细菌，所以真菌多为多细胞的微生物。　　　　　　　（　　）
10. 在微生物中，只有霉菌才能以菌丝体的形式进行生长。　　　　　　　（　　）
11. 酵母菌是一种多细胞的微生物。　　　　　　　　　　　　　　　　　（　　）
12. 霉菌主要是通过产生各种有性孢子进行繁殖的。　　　　　　　　　　（　　）
13. 在固体培养基上生长时，霉菌的菌落较大，比较湿润黏稠，不透明，呈现或紧或松的蜘蛛网状、绒毛状或棉絮状。　　　　　　　　　　　　　　　　　　　（　　）
14. 霉菌往往在干燥的环境中大量生长繁殖，有较强的陆生性。　　　　　（　　）
15. 微生物营养物质中氮源的功能是：提供氮素来源和能量来源。　　　　（　　）
16. 微生物吸收营养物质，单纯扩散是利用浓度差，从浓度低的向浓度高的进行扩散。
    　　　　　　　　　　　　　　　　　　　　　　　　　　　　　　　　（　　）
17. 任何微生物培养基中需含有碳源、氮源、无机盐、生长因子和水分等五种营养物质。
    　　　　　　　　　　　　　　　　　　　　　　　　　　　　　　　　（　　）
18. 微生物在生命活动中需要的能量主要是通过生物氧化而获得。　　　　（　　）
19. 微生物的分解代谢就是将复杂的大分子物质降解成小分子可溶性物质。（　　）
20. 微生物的酶具有特殊的催化能力。可以在发酵工艺上利用任何一种酶来进行生产。
    　　　　　　　　　　　　　　　　　　　　　　　　　　　　　　　　（　　）
21. 细菌生长达到稳定期，群体生长速度等于零，细菌停止生长。　　　　（　　）
22. 不断加温，可以加快细菌的生物化学反应速率和细菌的生长速度。　　（　　）
23. 食品的主要营养成分各不相同，造成腐败变质的微生物却基本相同。　（　　）
24. 根据食品 pH 范围，可将食品划分为酸性食品和碱性食品。　　　　　（　　）
25. 结合水是以物理引力吸附在大分子物质上，不能作为溶剂或参与化学反应，因此也不能被微生物利用。　　　　　　　　　　　　　　　　　　　　　　　　（　　）
26. 微生物有嗜冷、嗜温、嗜热型，而每一群微生物又各有其最适宜生长的温度范围。
    　　　　　　　　　　　　　　　　　　　　　　　　　　　　　　　　（　　）
27. 渗透压与微生物的生命活动有一定的关系。少数的耐盐菌、嗜盐菌、耐糖菌、嗜糖菌可在多糖或多盐的食品中生存。　　　　　　　　　　　　　　　　　（　　）

28. 水在食品加工中是不可缺少的,水源或输水管道、水箱发生污染,有可能造成食品的微生物污染蔓延。 （　　）

29. 空气的含菌量与空气的含尘量呈非线性关系。 （　　）

30. 用于盛放易腐败食品的容器,不经清洗和消毒而连续使用,很容易引起食品的交叉污染。 （　　）

31. 在食品加工过程中,微生物的数量一般出现明显的上升趋势。 （　　）

32. 食品被产毒霉菌株污染,就能检测出霉菌毒素。 （　　）

33. 快速风干比缓慢风干对防止产生黄曲霉毒素有利。 （　　）

34. 微生物检测接种是指将微生物的纯种或含有微生物的材料转移到适于它生长繁殖的人工培养基上或活的生物体内的过程。 （　　）

35. 微生物检验倾注接种方法是取少许纯菌或少许含菌材料(一般是液体材料),先放入无菌的培养皿中,然后倾入已溶化并冷却至 40℃ 左右含有琼脂的灭菌培养基上,使它与含菌材料均匀混合后,冷却至凝固。 （　　）

36. 微生物检验时,对已打开的包装但未使用完的器皿,可以重新包装好留待下次使用。 （　　）

37. 所有的微生物培养时都需要氧气的参与。 （　　）

38. 细菌检验的培养基中加入胆盐可抑制革兰氏阳性菌的生长,以有利于革兰氏阴性菌的生长。 （　　）

39. 在制备某些微生物检验培养基时需加入一些煌绿、玫瑰红酸、孟加拉红等物质作为培养基的指示剂。 （　　）

40. 微生物检验培养基可根据配方,称量于适当大小的烧杯中,由于其中干粉极易吸潮,故称量时要迅速。 （　　）

41. 消毒是使用物理、化学或生物学的方法杀死微生物的过程。 （　　）

42. 由于微生物个体很小,细胞又较透明,不易观察到其形态,故必须借助于染色的方法使菌体着色,增加与背景的明暗对比,才能在光学显微镜下较为清楚地观察其个体形态和部分结构。 （　　）

43. 微生物染色的染料按其组成成分可以分为自然染料和人工染料。 （　　）

44. 微生物染色时按照所用染料种类的不同,可把染色法分为单染色法、复染色法和特殊染色法。 （　　）

45. G^+ 细菌经革兰氏染色菌体呈红色。 （　　）

46. 微生物实验室布局应采用单方向工作流程,避免交叉污染。 （　　）

47. 无菌室的无菌程度测定方法:将已制备好的 3～5 个琼脂平皿放置在无菌室工作位置的左中右等处,并开盖暴露 15 min,然后倒置于 36℃ 培养箱中培养 24 h,取出观察。 （　　）

48. 用于微生物检验所采的样品必须有代表性,按检验目的采取相应的采样方法。 （　　）

49. 微生物检验的采样方法,重量法通常用于采集集中样,拭子法用于采集一定面积的样品。 （　　）

50. 微生物检验采样时,散装食品的采样时用无菌采样器采集 5 倍或以上检验单位的样品,放入无菌容器内,总量应满足微生物指标检测的要求。 （　　）

51. 微生物监测采样时,盛样容器的标签上必须标明样品名称和样品序号以及其他需要

说明的情况。　　　　　　　　　　　　　　　　　　　　　　　　（　　）

52．微生物检验样品采样的全过程均应遵循无菌操作程序。开启样品容器前，先将容器表面擦干净，然后用75％酒精消毒开启部位及其周围。　　　　　　　　（　　）

53．微生物检验时，含有二氧化碳的液体检验前，应用无菌操作程序先将液体倒入小瓶中，然后覆盖纱布，轻轻振摇，使气体全部逸出。　　　　　　　　　　　（　　）

54．食品加工设备卫生检验的样品采集方法有称量法、刷子刷洗法。　　　（　　）

55．表面擦拭法采样检出的活菌总数不高，同时常导致检验的结果不一致。所以需两人共同进行采样工作。　　　　　　　　　　　　　　　　　　　　　（　　）

56．食品加工环节卫生检验，如在清洁消毒或加工前后各取一份样品，对卫生管理的评估更合适。　　　　　　　　　　　　　　　　　　　　　　　　　　　（　　）

57．空气中霉菌检验是为了防止霉菌孢子引起皮癣、鹅口疮、过敏性哮喘等疾病，以及对物品的污染。　　　　　　　　　　　　　　　　　　　　　　　　　（　　）

58．菌落总数测定是用来判定食品被细菌污染的程度及其卫生质量，它反映食品在生产加工过程中是否符合卫生要求，以便对被检食品做出适当的卫生学评价。　　　（　　）

59．具备培养微生物的设备即能满足菌落总数检验的需要。　　　　　　（　　）

60．菌落总数检验所用的培养基是营养琼脂培养基。　　　　　　　　　（　　）

61．菌落总数检验在配制10倍递增稀释液时，每递增稀释一次即可换用一支10 mL灭菌吸管。　　　　　　　　　　　　　　　　　　　　　　　　　　　　（　　）

62．菌落总数培养时，如果样品中可能含有在琼脂培养基表面弥漫生长的菌落时，可在倾注凝固后的琼脂表面覆盖一薄层琼脂培养基，凝固后翻转平板，按培养条件培养。（　　）

63．菌落总数报告时，若只有一个稀释度平板上的菌落数在适宜计数范围内，计算两个平板菌落数的平均值，再将平均值乘以相应稀释倍数，作为每g(或mL)中菌落总数结果。

　　　　　　　　　　　　　　　　　　　　　　　　　　　　　　　　（　　）

64．大肠菌是一群在36℃条件下培养24 h能发酵乳糖、产酸产气、需氧和兼性厌氧的革兰氏阴性无芽孢杆菌。　　　　　　　　　　　　　　　　　　　　　（　　）

65．大肠菌群检验所用恒温培养箱的温度是37℃±1℃。　　　　　　　（　　）

66．大肠菌群检验中利用的盐酸浓度是10 mol/L。　　　　　　　　　（　　）

67．大肠菌群检测初发酵的程序是：检样制备→10倍系列稀释→选择任意三个稀释度接种大肠菌群初发酵肉汤管。　　　　　　　　　　　　　　　　　　　　（　　）

68．大肠菌群检验时样品均液的pH应用盐酸或氢氧化钠调节至中性。　（　　）

69．大肠菌群初发酵使用的培养基是月桂基胰蛋白胨肉汤。　　　　　（　　）

70．霉菌和酵母菌检验时，橡胶乳头和洗耳球是必备的实验材料。　　（　　）

71．食品中霉菌和酵母菌检验的稀释液与细菌检验的稀释液完全相同。（　　）

72．霉菌和酵母菌的检验程序与细菌检验程序相同。　　　　　　　　（　　）

73．霉菌和酵母菌检验样液加入后，将凉至46℃左右的培养基注入平皿约15 mL，并转动平皿，混合均匀。　　　　　　　　　　　　　　　　　　　　　　　（　　）

74．霉菌和酵母菌计数的稀释度选择及菌落报告方式可参考国标的菌落总数检验方法。

　　　　　　　　　　　　　　　　　　　　　　　　　　　　　　　　（　　）

75．霉菌和酵母菌报告时，若只有一个稀释度平板上的菌数在适宜计数范围内，计算两个平板菌落数的平均值,再将平均值乘以相应稀释倍数,作为每 g(或 mL)中菌落总数结果。

（　　）

二、选择题

1. 一部分微生物与人类形成共生的关系,在自然界达到(　　)。
(A) 动态平衡　　　(B) 数量增多　　　(C) 生态平衡　　　(D) 数量减少

2. 影响食品安全的主要因素除了化学性污染、物理性污染,还有(　　)。
(A) 土壤污染　　　(B) 水源污染　　　(C) 空气污染　　　(D) 生物性污染

3. 细菌属于原核细胞型微生物的理由是(　　)。
(A) 简单的二分裂方式繁殖　　　　　(B) 单细胞生物
(C) 较其他生物小得多　　　　　　　(D) 核外无核膜包裹,核内无核仁

4. (　　)不属于非细胞型微生物的结构成分。
(A) DNA　　　　　(B) RNA　　　　　(C) 脂肪　　　　　(D) 蛋白质

5. 用 nm 作为度量单位的微生物是(　　)。
(A) 病毒　　　　　(B) 霉菌　　　　　(C) 酵母菌　　　　　(D) 细菌

6. 食品微生物检验的目的就是要为生产出安全、卫生、(　　)的食品提供科学依据。
(A) 美观　　　　　(B) 美味　　　　　(C) 符合标准　　　　(D) 营养丰富

7. 由微生物引起食品变质的基本条件是食品特性、环境条件以及(　　)。
(A) 人员因素　　　　　　　　　　　(B) 加工因素
(C) 微生物的种类及数量　　　　　　(D) 以上都是

8. 螺旋菌按其弯曲程度不同分为螺菌、(　　)和螺旋体。
(A) 长杆菌　　　　(B) 短杆菌　　　　(C) 球菌　　　　　(D) 弧菌

9. 细菌的基本形态是球菌、杆菌和(　　)。
(A) 葡萄球菌　　　(B) 放线菌　　　　(C) 螺旋菌　　　　(D) 芽孢菌

10. 细菌的细胞结构必须用光学显微镜的(　　)才能观察清楚。
(A) 低倍镜　　　　(B) 高倍镜　　　　(C) 油镜　　　　　(D) 聚光镜

11. 球菌的直径一般约在(　　)之间。
(A) (0.5~2)nm　　(B) (0.5~2)μm　　(C) (0.5~2)mm　　(D) (0.5~2)cm

12. 细菌细胞壁的主要成分是(　　)。
(A) 蛋白质　　　　(B) 磷脂　　　　　(C) 几丁质　　　　(D) 肽聚糖

13. 细胞膜的主要功能是控制细胞内外的一些物质的(　　)。
(A) 存储遗传信息　(B) 交换渗透　　　(C) 传递遗传信息　(D) 维持细胞外形

14. 因为(　　),所以芽孢不是细胞的繁殖体。
(A) 绝大多数产生芽孢的细菌为革兰氏阴性细菌
(B) 不是所有的细菌都产生芽孢
(C) 芽孢只在体外产生
(D) 一个芽孢发芽只能生成一个菌体

15. 细菌芽孢内的耐热性物质是(　　)。
(A) 二氨基庚二酸　(B) N-乙酰胞壁酸　(C) β-羟基丁酸　(D) 2,6-吡啶二羧酸

16. 细菌常以(   )进行繁殖。

(A) 断裂增殖　　　(B) 二分裂法　　　(C) 通过孢子　　　(D) 通过芽孢

17. 细菌与其他生物相比，繁殖速度快。这主要是因为(   )，有利于与外界进行物质交换。

(A) 食谱杂、分布广　　　　　　　(B) 体积小、表面积大

(C) 结构简单、种类多　　　　　　(D) 适应强、易变异

18. 有芽孢的细菌菌落表面表现为(   )。

(A) 湿润透明　　　(B) 湿润光滑　　　(C) 干燥皱折　　　(D) 隆起皱折

19. 细胞在液体培养基中，不会出现的现象是(   )。

(A) 使培养基浑浊　　　　　　　　(B) 在液体表面形成膜

(C) 可能形成菌落　　　　　　　　(D) 出现沉淀

20. 在自然界中，微生物种类繁多，其中(   )分布最广。

(A) 真菌　　　(B) 霉菌　　　(C) 细菌　　　(D) 病毒

21. 真菌没有叶绿素，因而不能利用(   )通过光合作用来制造食物，靠寄生或腐生生存。

(A) 脂质　　　(B) 蛋白质　　　(C) 有机物　　　(D) 无机物

22. 从生物学的观点来看，(   )不属于真菌的特点。

(A) 没有叶绿素　　　　　　　　(B) 没有完整的细胞核构造

(C) 无根、茎、叶分化　　　　　　(D) 能通过有性或无形繁殖

23. 酵母菌的基本形态为(   )。

(A) 卵形　　　(B) 杆型　　　(C) 方形　　　(D) 弧形

24. 酵母菌和霉菌通常生长在(   )。

(A) 温室下　　　(B) 37℃　　　(C) 55℃　　　(D) 以上都不是

25. 霉菌菌丝由分支或(   )的菌丝组成。

(A) 不分裂　　　(B) 不分支　　　(C) 分裂　　　(D) 分离

26. 霉菌菌丝分为无隔膜和有(   )两种。

(A) 荚膜　　　(B) 菌膜　　　(C) 细胞膜　　　(D) 隔膜

27. 酵母菌的繁殖方法主要是(   )。

(A) 孢子　　　(B) 断裂增殖　　　(C) 二分裂法　　　(D) 芽殖

28. 霉菌的繁殖方式多样，但(   )不属于霉菌的繁殖方法。

(A) 断裂增殖　　　(B) 有性孢子　　　(C) 芽殖　　　(D) 无性孢子

29. 酵母菌在液体培养基中生长时，(   )是不应该出现的现象。

(A) 变浑浊　　　(B) 不同色泽　　　(C) 产生沉淀　　　(D) 形成菌膜

30. 酵母菌比较不易在(   )中生长繁殖。

(A) 水果　　　(B) 蜜饯　　　(C) 蔬菜　　　(D) 肉类

31. 微生物常会引起食物变质，但(   )在传统发酵及近代发酵工业中，起着积极的作用。

(A) 细菌　　　(B) 蓝细菌　　　(C) 霉菌　　　(D) 放线菌

32. 磷酸盐缓冲溶液、(   )等是试验中常用的无机盐。

(A) 牛肉膏　　　(B) 葡萄膏　　　(C) 氯化钠　　　(D) 蛋白胨

33. 微生物在渗透酶和提供能量的前提下,将体外的营养物质逆浓度运送至体内,这就是( )作用。

(A) 单纯扩散　　　　(B) 促进扩散　　　　(C) 主动运输　　　　(D) 基团转位

34. 营养物质最后必须透过( )才能被微生物吸收。

(A) 细胞壁　　　　　(B) 细胞膜　　　　　(C) 核质体　　　　　(D) 渗透酶

35. 微生物中( )属于自养型微生物。

(A) 蓝细菌　　　　　(B) 霉菌　　　　　　(C) 腐生菌　　　　　(D) 寄生菌

36. 微生物的氧化作用可根据最终电子受体的性质,分为有氧呼吸作用、无氧呼吸作用和( )三种。

(A) 氧化作用　　　　(B) 代谢作用　　　　(C) 发酵作用　　　　(D) 渗透酶作用

37. 微生物体内的能量转变就是( )。

(A) 新陈代谢　　　　(B) 能量代谢　　　　(C) 氧化作用　　　　(D) 发酵作用

38. 微生物必须通过胞外酶把蛋白质分解成( ),才能被吸收利用。

(A) 丙酮酸　　　　　(B) 脂肪酸　　　　　(C) 氨基酸　　　　　(D) 乳酸

39. 酶是由活的微生物体产生的、具有特殊的催化能力和高度( )的蛋白质。

(A) 统一性　　　　　(B) 专一性　　　　　(C) 稳定性　　　　　(D) 系统性

40. 微生物代谢的调节,实际上就是控制酶的( )和活性的变化。

(A) 种类　　　　　　(B) 质量　　　　　　(C) 能量　　　　　　(D) 数量

41. 外毒素的主要化学组成是( )。

(A) 脂质　　　　　　(B) 蛋白质　　　　　(C) 肽聚糖　　　　　(D) 脂多糖

42. 微生物的代谢过程中能产生毒素,( )不属于细菌内毒的主要化学组成。

(A) 磷脂　　　　　　(B) 脂多糖　　　　　(C) 蛋白质　　　　　(D) 脂蛋白

43. 菌体最佳收获期是在( )。

(A) 延迟期　　　　　(B) 对数期　　　　　(C) 稳定期　　　　　(D) 衰亡期

44. 大多数细菌、放线菌和霉菌都属于( )。

(A) 厌氧微生物　　　　　　　　　　　　　(B) 需氧微生物

(C) 兼性厌氧微生物　　　　　　　　　　　(D) 微需氧微生物

45. 食品中含有蛋白质、糖类、脂肪、无机盐、维生素和( )等,这正契合了微生物生长的需要。

(A) 水　　　　　　　(B) 葡萄糖　　　　　(C) 钙　　　　　　　(D) 磷

46. 肉、鱼等食品容易受到( )分解能力很强的变形杆菌、青霉等微生物的污染。

(A) 脂肪　　　　　　(B) 糖类　　　　　　(C) 蛋白质　　　　　(D) 明胶

47. 腌菜、泡酸菜是( )微生物发酵制成的。

(A) 大肠杆菌　　　　(B) 乳酸菌　　　　　(C) 霉菌　　　　　　(D) 芽孢杆菌

48. 酸性食品的腐败变质主要是由( )和霉菌引起的。

(A) 芽孢杆菌　　　　(B) 乳酸菌　　　　　(C) 酵母菌　　　　　(D) 细菌

49. 食品的 Aw 值在 0.60 以下,则认为( )不能生长。

(A) 细菌　　　　　　(B) 霉菌　　　　　　(C) 酵母菌　　　　　(D) 微生物

50. 将食品贮存在 6.5℃环境中有利于( )生长。

(A) 嗜冷菌　　　　　(B) 嗜温菌　　　　　(C) 耐温菌　　　　　(D) 耐冷菌

51. 高温微生物造成的食品变质主要为分解（　　）而引起。

(A) 脂肪　　　　　(B) 蛋白质　　　　　(C) 糖类　　　　　(D) 有机物

52. 当食品中糖或盐的浓度越高,渗透压就越大,食品的 Aw 值则（　　）。

(A) 越大　　　　　(B) 越小　　　　　(C) 不变　　　　　(D) 不确定

53. 酵母菌和霉菌一般能耐受较高的渗透压,常引起糖浆、（　　）、果汁等高糖食品的变质。

(A) 水果　　　　　(B) 饮料　　　　　(C) 果酱　　　　　(D) 奶酪

54. 一般来讲,在有氧的环境中,食物变质速度（　　）。

(A) 减慢　　　　　(B) 不变　　　　　(C) 不确定　　　　　(D) 加快

55. 把含水量少的脱水食品放在湿度大的地方,表面水分（　　）。

(A) 缓慢增加　　　　　(B) 迅速增加　　　　　(C) 不会增加　　　　　(D) 迅速减少

56. 相当一部分食品的原料都来自田地,而土壤素有（　　）的"大本营"之说。

(A) 蛋白质　　　　　(B) 矿物质　　　　　(C) 维生素　　　　　(D) 微生物

57. 土壤中的（　　）相对于其他微生物而言,所占比率最高,危害最大。

(A) 细菌　　　　　(B) 酵母菌　　　　　(C) 霉菌　　　　　(D) 放线菌

58. 水在食品加工中是不可缺少的,它是食品的（　　）、清洗、冷却、冰冻等生产环节中不可缺少的重要物质。

(A) 消毒　　　　　(B) 灭菌　　　　　(C) 配料　　　　　(D) 卫生

59. 食品质量安全市场准入制度(QS)中对（　　）用水有严格要求。

(A) 工业　　　　　(B) 农业　　　　　(C) 民用　　　　　(D) 军用

60. 空气中常见的微生物主要是（　　）、耐紫外线的革兰氏阳性球菌、芽孢杆菌以及酵母、霉菌的孢子等。

(A) 耐酸　　　　　(B) 耐冷　　　　　(C) 耐干燥　　　　　(D) 耐热

61. 空气中的微生物与土壤和污水中的微生物相比（　　）。

(A) 数量多,分布极不均匀　　　　　(B) 数量少,分布极不均匀

(C) 数量多,分布均匀　　　　　(D) 数量少,分布均匀

62. 食品制造储藏的场所是鼠、蝇、蟑螂等动物出没的场所,这些动物体表及（　　）均有大量微生物,经常是微生物的传播者。

(A) 口腔　　　　　(B) 消化道　　　　　(C) 毛发　　　　　(D) 肢体

63. 食品在加工前,原料大多营养丰富,在自然界中很容易受到微生物的污染,加之运输、储藏等原因,很容易造成微生物的（　　）。

(A) 繁殖　　　　　(B) 减少　　　　　(C) 死亡　　　　　(D) 休眠

64. 食品在加工过程中,要进行（　　）、加热或灭菌等工艺操作过程。这些操作过程若正常进行,可以使食品达到无菌或菌群减少的状态。

(A) 清洗　　　　　(B) 分级　　　　　(C) 拣选　　　　　(D) 包装

65. 企业的卫生管理包括环境卫生、生产设备卫生、食品从业人员的卫生以及食品的（　　）、销售、运输等环境的卫生。

(A) 加热　　　　　(B) 灭菌　　　　　(C) 采购　　　　　(D) 储藏

66. 真空或充氮包装,可以减弱（　　）生长。

(A) 厌氧腐败微生物　　　　　　　　(B) 需氧腐败微生物

(C) 耐氧腐败微生物　　　　　　　　　　(D) 需氧兼性厌氧微生物

67. 反映粪便污染程度的指示菌有总大肠菌群、耐热大肠菌群和（　　）。

(A) 志贺氏菌　　　(B) 大肠杆菌　　　(C) 沙门氏菌　　　(D) 变形杆菌

68. 霉菌毒素通常具有（　　）、无抗原性，主要侵害实质器官的特点。

(A) 耐低温　　　(B) 耐高温　　　(C) 急性　　　(D) 多发性

69. 人畜一次性摄入含有大量霉菌毒素的食物，往往会发生（　　）中毒，长期少量摄入会发生慢性中毒。

(A) 爆发性　　　(B) 慢性　　　(C) 急性　　　(D) 多发性

70. 通常产生毒素的霉菌种类有：黄曲霉、（　　）、镰刀菌等中的一些种类。

(A) 青霉　　　(B) 根霉　　　(C) 毛霉　　　(D) 黑曲霉

71. 食品中为防止霉菌生长和毒素产生，通常采取去除（　　）的方法。

(A) CO_2　　　(B) O_2　　　(C) N_2　　　(D) H_2

72. （　　）不是食品工艺中的霉菌毒素去除法。

(A) 煮沸法　　　(B) 活性炭法　　　(C) 酸性白土法　　　(D) 微生物去毒

73. 微生物检验常用的分离工具有：接种钩、接种环和（　　）等。

(A) 接种针　　　(B) 玻璃平板　　　(C) 三角烧瓶　　　(D) 试管

74. 接种针常用于微生物检验操作时的（　　）接种方法。

(A) 涂布　　　(B) 倾注　　　(C) 划线　　　(D) 穿刺

75. 微生物检验常用的接种和分离方法有点植、穿刺、浸洗和（　　）等方法。

(A) 标定　　　(B) 涂布　　　(C) 滴定　　　(D) 中和

76. 微生物检验接种食品样品前，先用肥皂洗手，然后用（　　）酒精棉球将手擦干净。

(A) 100%　　　(B) 75%　　　(C) 50%　　　(D) 95%

77. 微生物检验在接种前，接种环应经火焰烧灼全部金属丝，可一边转动接种柄一边慢慢地来回通过火焰（　　）。

(A) 两次　　　(B) 三次　　　(C) 四次　　　(D) 一次

78. 微生物培养时用焦性没食子酸、磷等可以用于（　　）。

(A) 除去氢气　　　　　　　　　　(B) 除去二氧化碳

(C) 吸收氧气以除氧　　　　　　　　　　(D) 降低氧化还原电位

79. 用于细菌检验的半固体培养基的琼脂加入量为（　　）%。

(A) 0.5～1.0　　　(B) 0.5～0.8　　　(C) 0.1～0.5　　　(D) 0.2～0.5

80. 微生物检验培养基中常见的酸碱指示剂有：酚红、中性红、溴甲酚紫、煌绿和（　　）等。

(A) 甲基红　　　(B) 美兰　　　(C) 孟加拉红　　　(D) 伊红

81. 琼脂其本身并无营养价值，但是应用最广的凝固剂。但多次反复溶化，其凝固性会（　　）。

(A) 增加　　　(B) 不变　　　(C) 降低　　　(D) 消失

82. 配制微生物检验培养基分装三角瓶时，以不超过三角瓶容积的（　　）为宜。

(A) 2/3　　　(B) 1/3　　　(C) 1/2　　　(D) 3/5

83. 灭菌是杀灭物体中或物体上所有微生物的繁殖体和（　　）的过程。

(A) 荚膜　　　(B) 芽孢　　　(C) 鞭毛　　　(D) 菌毛

84. 干热灭菌法一般是把待灭菌的物品包装后,放入干燥箱中加热至( )。

(A) 160℃,维持2 h   (B) 170℃,维持2 h

(C) 180℃,维持2 h   (D) 160℃,维持4 h

85. ( )是能损伤细菌外膜的阳离子表面活性剂。

(A) 福尔马林   (B) 结晶紫   (C) 漂白粉   (D) 新洁尔灭

86. 甲醛通常适用于( )。

(A) 室内喷雾消毒地面   (B) 擦洗被污染的桌

(C) 排泄物   (D) 空气熏蒸消毒(无菌室)

87. 影响灭菌与消毒的因素有很多,最主要的是( )、微生物污染程度,温度,温度的影响尤为重要。

(A) 微生物所依附的介质   (B) 微生物的特性

(C) 消毒剂剂量的大小   (D) 酸碱度

88. 待灭菌的物品中含菌数量越多时,灭菌越是( )。

(A) 显著   (B) 容易   (C) 好   (D) 困难

89. 微生物染色时酸性物质对于( )染料较易吸附,且吸附作用稳固。

(A) 中性   (B) 酸性   (C) 碱性   (D) 弱酸性

90. 微生物染色的染料按其电离后染料离子所带电荷的性质,分为酸性染料、碱性染料、( )染料和单纯染料四大类。

(A) 简单   (B) 中性(复合)   (C) 天然   (D) 人工(合成)

91. 微生物染色时一般常用碱性染料进行单染色,如( )、孔雀绿、碱性复红、结晶紫等。

(A) 品红   (B) 美兰   (C) 胭脂红   (D) 煌绿

92. 微生物单染色法的基本步骤是( )。

(A) 涂片,固定,染色,水洗   (B) 涂片,染色,水洗,固定

(C) 涂片,染色,固定,水洗   (D) 涂片,水洗,固定,染色

93. 革兰氏染色法将细菌分为 G^+ 和 G^- 两大类,这是由于它们的( )结构和组成不同决定的。

(A) 鞭毛   (B) 细胞质   (C) 细胞膜   (D) 细胞壁

94. 革兰氏染色法应选用( )的菌染色。

(A) 幼龄期   (B) 成熟期   (C) 生长期   (D) 成长期

95. 实验设备应放置于适宜的环境条件下,便于维护、清洁、消毒和校准,并保持( )的工作状态。

(A) 整洁   (B) 良好   (C) 整洁与良好   (D) 正常

96. 无菌室的要求:无菌室(包括缓冲间、无菌操作间)每3 m^2 的面积应配备一管功率为( )W的紫外线灯。

(A) 25   (B) 30   (C) 40   (D) 60

97. 安装在无菌室内的紫外线灯应无灯罩,灯管距离地面不得超过( )m。

(A) 2.0   (B) 2.2   (C) 2.5   (D) 2.8

98. 无菌室用的紫外线灯管每隔( )需用酒精棉球擦拭,清洁灯管表面,以免影响紫外线的穿透力。

(A) 1 周　　　　(B) 2 周　　　　(C) 一个月　　　　(D) 两个月

99. 无菌室每次使用前后应用紫外线灭菌灯消毒,照射时间不低于(　　)min。关闭紫外线灯 30 min 后才能进入。

(A) 30　　　　(B) 45　　　　(C) 60　　　　(D) 130

100. 无菌室霉菌较多时,先用 5% 石炭酸全面喷洒室内,再用(　　)熏蒸。

(A) 甲醛　　　　(B) 乳酸　　　　(C) 甲醛和乳酸交替　　(D) 丙二醇溶液

101. 无菌室细菌较多时,可采用(　　)熏蒸。

(A) 甲醛　　　　(B) 乳酸　　　　(C) 甲醛和乳酸交替　　(D) 丙二醇溶液

102. 微生物检验采样后,为防止样品中原有微生物的(　　)发生变化,样品在保存和运送过程中,应采取必要的措施。

(A) 种类　　　　(B) 特性　　　　(C) 大小　　　　(D) 数量

103. 微生物检验样品的中样是从样品(　　)取得的混合样品。

(A) 各部分　　　　(B) 一部分　　　　(C) 大部分　　　　(D) 指定部分

104. 微生物检验样品的大样是指(　　)样品。

(A) 一部分　　　　(B) 一整批　　　　(C) 全部　　　　(D) 一件

105. 微生物检验采样时,即食类预包装食品按(　　)取样,取的是最小零售预包装。

(A) 相同批次　　　(B) 不同批次　　　(C) 相同原料　　　(D) 不同班次

106. 微生物检验采样时,非即食类预包装小于 500 g 的固态食品的取样,是取相同批次的(　　)零售预包装。采样总量应满足微生物指标检验的要求。

(A) 最小　　　　(B) 最大　　　　(C) 相同　　　　(D) 类似

107. 微生物检验采样时,盛样容器的标签应(　　)、清楚。

(A) 清洁　　　　(B) 清晰　　　　(C) 稳固　　　　(D) 完整

108. 微生物检验采样时,采样标签应(　　),具防水性,字迹不会被擦掉或脱色。

(A) 固定　　　　(B) 牢固　　　　(C) 稳固　　　　(D) 耐久磨损

109. 微生物检验采样后,易腐和冷藏样品的运送与保存时,应将样品置于(　　)℃环境中(如冰壶)保存。

(A) 0~4　　　　(B) 2~5　　　　(C) 4~8　　　　(D) 8~10

110. 微生物检验采样后,冷冻样品运送与保存时应始终处于冷冻状态。可放入(　　)℃以下的冰箱内,也可短时保存在泡沫塑料隔热箱内(箱内有干冰可以维持在 0℃以下)。

(A) −20　　　　(B) −18　　　　(C) −15　　　　(D) −10

111. 微生物检验时从样品的均质到稀释和接种,间隔时间不应超过(　　)。

(A) 15 min　　　(B) 30 min　　　(C) 45 min　　　(D) 60 min

112. 微生物检验时,半固体或黏性液体在样品制备时,应将灭菌容器称取混匀后的检样与预热至(　　)℃的灭菌稀释液充分振摇混合。

(A) 35　　　　(B) 37　　　　(C) 42　　　　(D) 45

113. 用于微生物检验的奶油、冰激凌、冰棍和(　　)等检验样品制备时,应将称取后的样品与预先置于 45℃ 水浴中的稀释液混合,待溶解后(控制时间在 15 min 内)再按操作程序检验。

(A) 奶酪　　　　(B) 糖果　　　　(C) 酸奶　　　　(D) 奶粉

114. 用于无色检验的液体样品的制备是以无菌吸管吸取 25 mL 样品,加入盛有 225 mL

稀释液的无菌容器内,制成1:10的样品均液。饮料和( )可以直接吸取原液。

(A) 酱油 (B) 酒类 (C) 牛奶 (D) 糟卤

115. 食品加工使用的一般容器和设备的卫生检验,是用一定量( )反复冲洗与食品接触的表面,采集、收集冲液做微生物检验。

(A) 无菌生理盐水 (B) 生理盐水 (C) 无菌营养液 (D) 营养液

116. 生产小用具表面擦拭法采样做菌落检验时,检验结果报告用( )表示。

(A) cfu/100 cm² (B) cfu/10 cm² (C) CFU/1 cm² (D) CFU/个

117. 消毒后原有菌落总数减少( )以上食品加工环节卫生检验清洁消毒效果评价良好。

(A) 90% (B) 80% (C) 70% (D) 60%

118. ( )不是空气样品的采样方法。

(A) 过滤法 (B) 直接沉降法 (C) 气流吸附法 (D) 气流撞击法

119. 空气中霉菌检验时为了防止霉菌孢子引起皮癣、鹅口疮、过敏性哮喘等疾病,以及对( )的污染。

(A) 环境 (B) 呼吸道 (C) 物品 (D) 食品

120. 空气中霉菌检验,可用马铃薯琼脂培养基或( )琼脂培养基暴露在空气中做直接沉降法检验。

(A) 玉米 (B) 血液 (C) 营养琼脂 (D) 伊红美兰

121. 菌落总数是指在( )条件下,在中温、一定时间内,在平板计数琼脂培养基上生长的细菌菌落总数。

(A) 厌氧 (B) 微需氧 (C) 需氧 (D) 无菌

122. 菌落总数检验所用恒温培养箱的温度是( )。

(A) 36℃±1℃ (B) 36℃±2℃ (C) 42℃±1℃ (D) 42℃±2℃

123. 菌落总数检验的材料主要有酒精灯、( )、吸管、广口瓶或三角烧瓶等。

(A) 三脚架 (B) 试管 (C) 滴定管 (D) pH 计

124. 菌落总数检验所用的稀释液有生理盐水、蒸馏水和( )等。

(A) 肉浸液 (B) BP 缓冲液 (C) 酵母浸液 (D) 磷酸盐缓冲液

125. 菌落总数检验所用无菌生理盐水的浓度是( )。

(A) 0.75% (B) 0.85% (C) 85% (D) 75%

126. 菌落总数检验从制备样品匀液到样品接种完毕,全过程不得超过( )min。

(A) 15 (B) 20 (C) 25 (D) 30

127. 菌落总数检验在样品制备、稀释时,称取 25 g 样品置于盛有( )mL 磷酸盐缓冲液的无菌均质杯内均质。

(A) 175 (B) 200 (C) 225 (D) 250

128. 碳酸饮料在做菌总数检验时,1:10 的样品均液是以无菌吸管吸取( )制备的。

(A) 1 mL 样品沿管壁缓慢注入盛有 9 mL 稀释液的无菌试管中

(B) 10 mL 样品沿管壁缓慢注入盛有 90 mL 稀释液的无菌试管中

(C) 25 mL 样品置于盛有 225 mL 稀释液中

(D) 20 mL 样品置于盛有 250 mL 稀释液中

129. 菌落总数检验样液接种后,及时将凉至( )平板计数琼脂培养基倾注平皿,并转动平皿使其混合均匀。

　　(A) 40℃　　　　　(B) 44℃　　　　　(C) 46℃　　　　　(D) 48℃

130. 水产品的菌落总数检验所用恒温培养的温度是( )。

　　(A) 30℃±1℃　　(B) 30℃±2℃　　(C) 36℃±1℃　　(D) 36℃±2℃

131. 水产品的菌落总数检验所用恒温培养的时间是( )。

　　(A) 48 h±2 h　　(B) 48 h±3 h　　(C) 72 h±2 h　　(D) 72 h±3 h

132. 菌落计数以菌落形成单位( )表示。

　　(A) cfu　　　　　(B) CFU　　　　　(C) UFC　　　　　(D) ufc

133. 菌落总数计数时当平板上若有蔓延菌落生长,其片状不到平板的一半,而其中一半中菌落分布又很均匀,即可计算( )代表一个平板菌落数。

　　(A) 其中菌落分布很均匀菌落的总和

　　(B) 半个平板计数后乘以 2

　　(C) 将片状菌落与分布很均匀菌落相加

　　(D) 将两个平板上片状菌落与分布很均匀菌落相加,除以 2

134. 菌落总数报告时,若有三个连续稀释度的平板菌落数,在 1∶10 稀释度的菌落是多不可计;在 1∶100 稀释度的菌落是 325,330;在 1∶1 000 稀释度的菌落是 25,28,则样品中菌落数为( )。

　　(A) 27 000　　　(B) 26 500　　　(C) 32 800　　　(D) 30 000

135. 大肠菌群主要来源于人畜粪便,作为( )指标评价食品的卫生状况。

　　(A) 污染物　　　(B) 粪便污染　　(C) 有害物质　　(D) 致病菌

136. 大肠菌群作为食品的卫生指标,其意义是推断食品中有否污染( )的可能。

　　(A) 肠道致病菌　(B) 肠道非致病菌　(C) 沙门氏菌　　(D) 致病菌

137. 大肠菌群检验所用天平的感量是( )g。

　　(A) 1　　　　　　(B) 0.1　　　　　(C) 0.01　　　　　(D) 0.001

138. 大肠菌群检验初发酵所用的培养基是( )。

　　(A) LST　　　　　(B) SS　　　　　(C) EMB　　　　　(D) BGLB

139. 大肠菌群检验所用的培养基每管应分装( )mL。

　　(A) 5　　　　　　(B) 10　　　　　(C) 15　　　　　　(D) 20

140. 大肠菌群检验复发酵培养时间到,观察颜色变化和导管内是否有气泡产生,如( )则可以做样品中大肠菌群阳性结果报告。

　　(A) 产酸不产气　(B) 产气不产酸　(C) 产酸产气　　(D) 不产酸不产气

141. 大肠菌群检验样液中和用的盐酸浓度是( )。

　　(A) 1 mol/L　　　(B) 10 mol/L　　(C) 1%　　　　　(D) 10%

142. 大肠菌群检验样液中和用的氢氧化钠浓度是( )。

　　(A) 1%　　　　　(B) 10%　　　　(C) 1 mol/L　　　(D) 10 mol/L

143. 大肠菌群初发酵肉汤最长培养时间是( )。

　　(A) 24 h±2 h　　(B) 24 h±3 h　　(C) 48 h±2 h　　(D) 48 h±3 h

144. 大肠菌群检验接种初发酵肉汤时,每个稀释度接种( )管初发酵肉汤。

　　(A) 2　　　　　　(B) 3　　　　　　(C) 4　　　　　　(D) 5

145. 大肠菌群检验复发酵试验所用的培养基是( )。

(A) LST　　　　(B) SS　　　　(C) EMB　　　　(D) BGLB

146. 大肠菌群检验复发酵试验是在 $36℃±1℃$ 培养,所需最长时间是(　　)观察生长情况。

(A) 24 h±2 h　　(B) 24 h±3 h　　(C) 48 h±2 h　　(D) 48 h±3 h

147. 大肠菌群检验结果报告,是证实为大肠菌群阳性管数,查 MPN 检索表,报告(　　)。

(A) 每 g(或 mL)样品中大肠菌群的 MPN 值

(B) CFU/g

(C) CFU/mL

(D) 每 100 g(或 mL)样品中大肠菌群的 MPN 值

148. 大肠菌群检验结果报告时,以(　　)(MPN)报告,是对样品活菌密度的估测。

(A) 最大值　　(B) 最小值　　(C) 最可能数　　(D) 95%的可能数

149. 霉菌和酵母菌检验原理是依据霉菌和酵母菌通常在低 pH、高湿度、(　　)、低温贮存等,并含有抗生素的食品中出现制定的检验方法。

(A) 高氮低盐　　(B) 高氮低糖　　(C) 高盐高糖　　(D) 低盐低糖

150. 霉菌和酵母菌检验的意义是:在某些情况下,霉菌和酵母菌不仅造成食品的腐败变质,有些霉菌还能够合成有毒代谢产物(　　)。

(A) 抗生素　　(B) 内毒素　　(C) 外毒素　　(D) 霉菌毒素

151. 霉菌和酵母菌检验所用恒温水浴锅的温度是(　　)。

(A) 45℃±1℃　　(B) 45℃±2℃　　(C) 47℃±1℃　　(D) 47℃±2℃

152. 霉菌和酵母菌检验所用的平板直径是(　　)mm。

(A) 50　　　　(B) 70　　　　(C) 90　　　　(D) 110

153. 食品中常用于霉菌和酵母菌检验的培养基有马铃薯-葡萄糖琼脂、孟加拉红琼脂和(　　)培养基等。

(A) 巧克力平板　　(B) 高盐察氏　　(C) 改良马丁琼脂　　(D) 玫瑰红琼脂

154. 孟加拉红培养中添加的孟加拉红具有抑制霉菌菌落的蔓延生长,同时还具有(　　)的作用。

(A) 指示剂　　(B) 抑制细菌　　(C) 显色剂　　(D) 营养素

155. 霉菌和酵母菌检验稀释时,根据对样品污染状况估计,选择 2～3 个适宜连续稀释度的样品均液,(　　)无菌平皿内。

(A) 每个稀释度分别吸取 1 mL 样品均液加入两个

(B) 在进行 10 倍递增稀释时,每个稀释度分别吸取 1 mL 样品均液加入两个

(C) 每个稀释度分别吸取 1 mL 样品均液加入一个

(D) 在进行 10 倍递增稀释时,每个稀释度分别吸取 1 mL 样品均液加入一个

156. 霉菌和酵母菌检验制备样品时,以无菌操作将检样 25 g(或 25 mL),加入盛有 225 mL 稀释液的波塞三角瓶内,振摇(　　)min,即为 1∶10 的稀释液。

(A) 10　　　　(B) 15　　　　(C) 20　　　　(D) 30

157. 霉菌和酵母菌检验稀释时,取 1 mL 1∶100 稀释液注入含有 9 mL 灭菌水的试管内,振摇试管混合均匀,另换一支 1 mL 灭菌吸管吹吸(　　)次,制成 1∶1 000 的稀释液。

(A) 50　　　　(B) 30　　　　(C) 10　　　　(D) 5

158. 霉菌和酵母菌检验稀释时,用灭菌吸管吸取 1∶10 稀释液 10 mL,注入另一支无菌

空试管中,另用带橡皮乳头的 1 mL 灭菌吸管反复吹吸( )次。

　　(A) 80　　　　　(B) 50　　　　　(C) 30　　　　　(D) 5

　　159. 霉菌和酵母菌检验接种时,待琼脂凝固后,翻转平皿,置于( )恒温培养箱内培养。

　　(A) 20～25℃　　　(B) 25～28℃　　　(C) 25～30℃　　　(D) 28～32℃

　　160. 霉菌和酵母菌检验接种时,待琼脂凝固后,翻转平皿,置于一定恒温培养箱内培养,培养时间为( )。

　　(A) 2 d 后开始观察,共培养 4 d　　　　(B) 3 d 后开始观察,共培养 5 d
　　(C) 3 d 后开始观察,共培养 6 d　　　　(D) 4 d 后开始观察,共培养 7 d

　　161. 霉菌和酵母菌培养过程中菌落观察时要注意轻拿轻放,避免( )散开,造成结果偏高。

　　(A) 孢子　　　　　(B) 菌丝　　　　　(C) 鞭毛　　　　　(D) 芽孢

　　162. 霉菌和酵母菌数结果报告时,每 g(或每 mL)食品中所含数量以( )表示。

　　(A) CFU/g(mL)　　(B) cfu/g(mL)　　(C) CFU/g(ML)　　(D) CFU/G(ML)

　　163. 霉菌和酵母菌报告时,若有三个连续稀释度的平板菌落数,霉菌在 1∶10 稀释度的菌落为多不可计;1∶100 稀释度的菌落是 110,111;在 1∶1 000 稀释度的菌落是 9,8,则样品中的霉菌数为( )。

　　(A) 11 100　　　　(B) 11 000　　　　(C) 11 050　　　　(D) 110

模块二　食品微生物检验应会基本技能训练

项目一　认识无菌室

一、实训目的要求

1. 掌握无菌室的基本结构。
2. 学会超净工作台和生物安全柜的使用方法。
3. 掌握无菌室管理要求。
4. 学会无菌室的灭菌方式。

二、原理

为了加强病原微生物实验室生物安全管理,对我国境内的实验室及其从事实验活动的人员实行生物安全管理,国家发布国务院令(第424号)《病原微生物实验室生物安全管理条例》,于2004年11月起施行。

根据所操作的生物因子的危害程度和采取的防护措施,将生物安全防护水平(biosafety level, BSL)分为4级,Ⅰ级防护水平最低,Ⅳ级防护水平最高。以BSL-1、BSL-2、BSL-3、BSL-4表示实验室的相应生物安全防护水平。

BSL-1实验室:1)无需特殊选址,普通建筑物即可,但应有防止节肢动物和啮齿动物进入的设计。2)每个实验室应设洗手池,宜设置在靠近出口处。3)在实验室门口处应设挂衣装置,个人便装与实验室工作服分开放置。4)实验室的墙壁、天花板和地面应平整、易清洁、不渗水、耐化学品和消毒剂的腐蚀。地面应防滑,不得铺设地毯。5)实验台面应防水,耐腐蚀、耐热。6)实验室中的橱柜和实验台应牢固。橱柜、实验台彼此之间应保持一定距离,以便于清洁。7)实验室如有可开启的窗户,应设置纱窗。实验室内应保证工作照明,避免不必要的反光和强光。应有适当的消毒设备。

BSL-2实验室:1)实验室门带锁并可自动关闭。实验室的门有可视窗。2)有足够的存储空间摆放物品以方便使用。在实验室工作区域外还应当有供长期使用的存储空间。3)在实验室内使用专门的工作服;应戴乳胶手套。4)在实验室的工作区域外有存放个人衣物的条件。5)在实验室所在的建筑内配备高压蒸汽灭菌器,并按期检查和验证,以保证符合要求。6)在实验室内配备生物安全柜。7)应设洗眼设施,必要时应有应急喷淋装置。8)应通风,如使用窗户自然通风,应有防虫纱窗。9)有可靠的电力供应和应急照明。必要时,重要设备如培养箱、生物安全柜、冰箱等应设置备用电源。10)实验室出口应有在黑暗中可明确辨认的标识。

BSL-3实验室应在建筑物中自成隔离区(有出入控制)或为独立建筑物。

BSL-4实验室根据使用的生物安全柜的类型和穿着防护服的不同,可以分为安全柜型、正压服型和混合型实验室。实验室应建造在独立的建筑物内或建筑物中独立的完全隔离区域内,该建筑物应远离城区。

生物安全柜(biological safety cabinets, BSCs)是为操作原代培养物、菌毒株以及诊断性标本等具有感染性的实验材料时,用来保护操作者本人、实验室环境以及实验材料,使其避免暴露于上述操作过程中可能产生的感染性气溶胶和溅出物而设计的。使用生物安全柜可以减少由于气溶胶暴露所造成的实验室感染以及培养物交叉污染,同时也能保护环境。

生物安全柜的主要部分是 HEPA 过滤器。HEPA 过滤器能够截留所有已知传染因子,确保从柜中排出的是完全不含微生物的空气。生物安全柜经 HEPA 过滤的空气输送到工作台面上,从而保护工作台面上的物品不受污染。通常被称为实验对象保护(product protection)。表 2-1 列出了各种安全柜所能提供的保护。水平和垂直方向流出气流的工作柜("超净工作台")不属于生物安全柜,也不能应用于生物安全操作。

表 2-1 不同保护类型及生物安全柜的选择

保护类型	生物安全柜的选择
个体防护,针对危险度 1~3 级微生物	Ⅰ级、Ⅱ级、Ⅲ级生物安全柜
个体防护,针对危险度 4 级微生物,手套箱型实验室	Ⅲ级生物安全柜
个体防护,针对危险度 4 级微生物,防护服型实验室	Ⅰ级、Ⅱ级生物安全柜
实验对象保护	Ⅱ级生物安全柜,柜内气流是层流的Ⅲ级生物安全柜
少量挥发性放射性核素／化学品的防护	Ⅱ级 B1 型生物安全柜,外排风式Ⅱ级 A2 型生物安全柜
挥发性放射性核素／化学品的防护	Ⅰ级、Ⅱ级 B2 型、Ⅲ级生物安全柜

Ⅰ级生物安全柜的原理是房间空气从前面的开口处以 0.38 m/s 的低速率进入安全柜,空气经过工作台表面,并经排风管排出安全柜。定向流动的空气可以将工作台面上可能形成的气溶胶迅速带离实验室工作人员而被送入排风管内。操作者的双臂可以从前面的开口伸到安全柜内的工作台面上,并可以通过玻璃窗观察工作台面的情况。安全柜内的空气可以通过 HEPA 过滤器按下列方式排出:(a)排到实验室中,然后再通过实验室排风系统排到建筑物外面;(b)通过建筑物的排风系统排到建筑物外面或直接排到建筑物外面。Ⅰ级生物安全柜能够为人员和环境提供保护,但因未灭菌的房间空气通过生物安全柜的开口处直接吹到工作台面上,因此Ⅰ级生物安全柜对操作对象不能提供切实可行的保护。

Ⅱ级生物安全柜:在进行病毒繁殖或其他培养时,未经灭菌的房间空气通过工作台面不符合要求。Ⅱ级生物安全柜提供个体防护同时保护工作台面的物品不受房间空气的污染。Ⅱ级生物安全柜有四种不同的类型(分别为 A1 型、A2 型、B1 型和 B2 型),它们只让经 HEPA 过滤的(无菌的)空气流过工作台面。Ⅱ级生物安全柜可用于操作危险度 2 级和 3 级的感染性物质。在使用正压防护服的条件下,Ⅱ级生物安全柜也可用于操作危险度 4 级的感染性物质。

Ⅱ级 A1 型生物安全柜排出的空气可以重新排入房间里,也可以通过连接到专用通风管道上的套管或通过建筑物的排风系统排到建筑物外面。安全柜所排出的经过加热和／或冷却的空气重新排入房间内使用时,与直接排到外面环境相比具有降低能源消耗的优点。有些生物安全柜通过与排风系统的通风管道连接,还可以进行挥发性放射性核素以及挥发性有毒化学品的操作。

三、实训内容

指导教师带领学生进入并观察无菌室的结构、设备。

学生记录无菌室的基本装备(含灭菌仪器设备、辅助设备等)、实训室的安全防护设施。根据教师介绍,学习无菌室的使用,无菌装备的操作方法。

四、实训报告

(一) 实训过程记录

1. 绘制出今天你参观的无菌室平面示意图。
2. 写出无菌室使用注意事项。

(二) 思考题

1. 无菌室的灭菌方式有哪些?
2. 生物安全的定义是什么?
3. 等级最高的生物安全实验室称为什么实验室?
4. BSL-2实验室可从事的微生物学实验对象主要有哪些?
5. 使用超净工作台进行无菌操作时,操作者的动作应该注意哪些问题?

项目二 灭菌设备的使用

一、实训目的要求

1. 掌握灭菌技术的种类。
2. 掌握灭菌设备的基本结构。
3. 学会灭菌设备的使用方法。
4. 掌握微生物检验用品的灭菌方式。

二、原理

干热灭菌是利用高温使微生物细胞内的蛋白凝固变性而达到灭菌的目的,细胞内的蛋白质凝固性与其本身的含水量有关,在菌体受热时,当环境和细胞内含水量越大,则蛋白凝固越快,反之含水量越小凝固越慢。因此与湿热灭菌相比,干热灭菌所需温度高(160~170℃),时间长(1~2 h)。高压蒸汽灭菌是将待灭菌的物品放入一个密闭的加压灭菌锅内,通过加热,使灭菌锅内水沸腾产生蒸汽,水蒸气急剧地将锅内的冷空气从排气阀中驱尽,然后关闭排气阀,继续加热,此时由于水蒸气不能溢出而增加了灭菌锅内的压力,从而使沸点升高,得到高于100℃的温度,导致菌体蛋白质凝固变性而达到灭菌的目的。

一般培养基用 0.1 MPa、121.1℃,15~30 min 可达到彻底灭菌,灭菌的温度及维持的时间随灭菌物品的性质和容量等具体情况而有所改变。

三、材料与仪器

吸管、培养皿、试管、电热干燥箱、手提式高压蒸汽灭菌锅、牛肉膏蛋白胨培养基、蒸馏水。

四、操作步骤

(一)干热灭菌法

适用于空的、干燥的玻璃器皿的灭菌。培养基不适用。

1. 将包好的待灭菌物品(培养皿、试管、吸管等)放入电热干燥箱(注意留有一定的间隙),关好箱门。

2. 接通电源,打开排气孔,使箱内湿空气能逸出,旋动恒温调节器,保持加热升温状态,至箱内达到100℃时关闭排气孔。

3. 当温度升到160~170℃时,借助恒温调节器的自动控制,保持此温度2 h。

4. 切断电源,冷却至70℃时,打开箱门,取出灭菌物品(未降至70℃以前,切勿打开箱门,否则温度骤降导致玻璃器皿炸裂)。

(二)高压蒸汽灭菌

1. 首先将内层锅取出,再向外层锅内加入适量的水,使水面与三角架相平为宜。

2. 放回内层锅,并装入待灭菌物品(内装培养基或小的三角瓶),不要装得太挤,以免妨碍蒸汽流通影响灭菌效果,三角瓶口不要与桶壁接触,以免冷凝水淋湿包口的纸而透入棉塞。加盖,并将盖上的排气软管插入内层锅的排气槽内,再以两两对称的方式同时旋紧相对的两个棉栓,使螺栓松紧一致,勿使漏气。

3. 用电炉或其他方法加热,并同时打开排气阀,使水沸腾以排除锅内的冷空气,待冷空气排尽后,关上排气阀让锅内的温度随蒸汽压力增加而逐渐上升,当锅内达到所需压力时,控制热源,维持压力至所需时间。

4. 停止加热,待压力表的压力降至零位时,打开排气阀,旋松螺栓,打开盖子,取出灭菌物品。

注意:当压力不为零时,不能开盖取物,否则由于压力突然下降,液体因容器内外压力不平衡而冲出烧瓶口或试管口,造成棉塞沾染而发生污染,甚至灼伤操作者。

5. 高压灭菌锅上的安全阀,是保障安全使用的重要机构,不得随意调节。

五、实训报告

(一)实训过程记录

1. 写出实训仪器的名称和用途。
2. 写出培养基和玻璃器皿灭菌需要什么灭菌设备,如何灭菌。
3. 为什么微生物检验中灭菌是非常重要的环节?

(二)思考题

1. 干热灭菌操作过程中应注意哪些问题,为什么?
2. 为什么干热灭菌所需温度要比湿热灭菌高?
3. 高压蒸汽灭菌时,为什么要排尽锅内的空气?
4. 为什么灭菌器内需要灭菌的物品不能摆得太密?
5. 干燥箱灭菌的温度是多少?灭菌结束后要注意什么?
6. 比较干燥箱灭菌和高压灭菌器灭菌的优缺点,并说出原因。

项目三　玻璃器皿的包扎及培养基的制备

一、玻璃器皿的包扎

1．实训目的与要求

(1) 掌握玻璃器皿包扎的方法。

(2) 学会玻璃器皿的包扎。

2．材料与仪器

(1) 材料：吸管、培养皿、试管、三角烧瓶、牛皮纸、线绳。

(2) 仪器：高压蒸汽灭菌锅、恒温干燥箱。

3．操作步骤

(1) 培养皿的包扎

培养皿常用牛皮纸（可用旧报纸代替）包紧，一般以5～8套培养皿作一包，少于5套工作量太大，多于8套不易操作。包好后进行干热灭菌。如将培养皿放入铜筒内进行干热灭菌（图2-1），则不必用纸包。

图2-1　装培养皿的金属筒

(2) 吸管的包扎

准备好干燥的吸管，在距其粗头顶端约0.5 cm处，塞一小段约1.5 cm长的棉花，以免使用时将杂菌吹入其中，或不慎将微生物吸出管外。棉花要塞得松紧恰当，过紧，吹吸液体太费力；过松，吹气时棉花会下滑。然后分别将每支吸管尖端斜放在报纸条的近左端，与报纸条约呈45°角（图2-2），并将左端多余的一段报纸条覆折在吸管上，再将整根吸管卷入报纸条，右插入筒底，粗端在筒口，使用时，铜筒卧放在桌上，用手持粗端拔出。

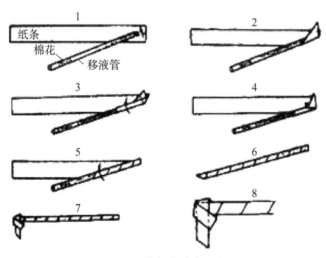

图2-2　吸管包扎的步骤和方法

如果有装吸管的铜筒（图2-3），亦可将分别包好的吸管一起装入铜筒，进行干热灭菌；若预计一筒灭菌的吸管可一次用完，也可不用纸包而直接装入铜筒灭菌，但要求将吸管的尖端插入筒底，粗端在筒口，使用时，铜筒卧放在桌上，用手持粗端拔出。

图 2-3
装吸管
的铜筒

（3）试管和三角烧瓶等的包扎

在试管管口和三角烧瓶瓶口塞以棉花塞,然后在棉花塞与管口和瓶口的外面用两层牛皮纸(不可用油纸)包好,再用细线扎好,进行干热灭菌。试管塞好棉花塞后也可一起在铁丝篓中,用大张牛皮纸将一篓试管口做一次包扎,包纸的目的在于保存期避免灰尘侵入。

空的玻璃器皿一般用干热灭菌,如需湿热灭菌,则要多用几层报纸包扎,外面最好再加一层牛皮纸。

如果试管盖是铝制的,则不必包纸,可直接干热灭菌。若用塑料帽,则宜湿热灭菌。

二、培养基的配制

1. 实训目的与要求

（1）掌握制备培养基的基本方法和操作流程。

（2）学会培养基的配制。

2. 原理

牛肉膏蛋白胨培养基是一种应用最广泛和最普通的细菌培养基,这种培养基中含有一般细菌生长繁殖所需要的最基本的营养物质,可供作繁殖之用,制作固体培养基时须加 2% 琼脂,培养细菌时,应用稀酸或稀碱将 pH 调至中性或微碱性。

牛肉膏蛋白胨培养基的配方：牛肉膏 0.5%,蛋白胨 1%, NaCl 0.5%, pH 7.4～7.6。

3. 材料与仪器

（1）试剂

牛肉膏、蛋白胨、NaCl、琼脂、1 mol/L NaOH、1 mol/L HCl。

（2）其他

试管、三角烧瓶、烧杯、量筒、漏斗、乳胶管、弹簧夹、纱布、棉花、牛皮纸、线绳、pH 试纸、电炉、台秤。

4. 操作步骤

（1）称量

根据用量按比例依次称取各组分,牛肉膏常用玻棒挑取,放在小烧杯或表面皿中称量,用热水溶化后倒入烧杯,蛋白胨易吸湿,称量时要迅速。

（2）溶解

在烧杯中加入少于所需的水量,加热,逐一加入各成分,使其溶解,琼脂在溶液煮沸后加入,融化过程需不断搅拌。加热时应注意火力,勿使培养基烧焦或溢出。溶好后,补足所需水分。

（3）调 pH

用 1 mol/L NaOH 或 1 mol/L HCl 把 pH 调至所需范围。

（4）过滤

趁热用滤纸或多层纱布过滤,以利于某些实验结果的观察,如无特殊要求时可省去此步骤。

（5）分装

按实验要求,可将配制的培养基分装入试管内或三角瓶内;分装时注意:勿使培养基沾染在容器口上,以免沾染棉塞引起污染。

① 液体分装

分装高度以试管高度的 1/4 左右为宜,分装三角瓶的量则根据需要而定,一般以不超过三角瓶容积的 1/2 为宜。

② 固体分装

分装试管,其装量不超过管高的 1/5,灭菌后制成斜面,斜面长度不超过管长的 1/2。分装三角瓶,以不超过容积的 1/2 为宜。

③ 半固体分装

装量以试管高度的 1/3 为宜,灭菌后垂直待凝。

(6)加棉塞

分装完毕后,在试管口或三角瓶口塞上棉塞或泡沫塑料塞及试管帽等,以阻止外界微生物进入培养基而造成污染,并保证有良好的通气性能。

(7)包扎

棉塞头上包一层牛皮纸,扎紧,即可进行灭菌。

(8)保存

灭菌后的培养基放入 36℃±1℃培养箱中培养 24～48 h,以检验灭菌的效果,无污染方可使用。

三、实验报告

(一)实训过程记录

1. 说明你包扎玻璃器皿过程中的情况。
2. 写出实训中使用的试剂名称。
3. 说明你配制培养基过程中的情况。

(二)思考题

1. 包扎玻璃器皿所用的材料有哪些? 它们的作用是什么?
2. 培养基配制时应注意什么问题? 为什么?
3. 分装培养基时为什么要使用弹簧夹?
4. 培养基配好后,为什么要立即灭菌?

项目四　认识无菌操作

一、实训的目的与要求

1. 掌握无菌技术的主要内容。
2. 学会无菌操作。

二、原理

无菌是指物体中没有活的微生物存在。无菌操作是指防止微生物进入人体或物体的操作方法。

三、材料与仪器

1. 器材

无菌吸管、无菌平皿、接种环、接种针、血平板、75％酒精棉球、酒精灯、生物安全柜等。

2. 其他

金黄色葡萄球菌菌种、饮用水。

四、操作步骤

(一) 操作前准备

1. 更换专用工作服、工作鞋,戴工作帽。
2. 用肥皂刷洗双手及手臂,并用流水冲净,用消毒水消毒双手及手臂。

(二) 操作内容

1. 接种食品前,首先用肥皂洗手,然后用75％酒精棉球将手擦干净。
2. 接种样品、转种菌种必须在酒精灯前操作,接种时,吸管从包装中取出后及打开试管盖都要过火消毒。
3. 从包装中取出吸管时,吸管尖部不能触及外露部位,使用吸管接种于试管或平皿时,吸管尖部不得触及试管或平皿边。接种时,打开培养皿时间应尽量短。平皿接种时,通常把平皿的面倾斜,把培养皿的盖打开一小部分进行接种。
4. 接种环和接种针在接种菌种前应经火焰灼烧全部金属丝。

五、实训报告

(一) 实训过程记录

说明你在无菌操作时出现的情况。

(二) 思考题

1. 无菌操作时的注意事项有哪些?
2. 为什么要进行无菌操作?

项目五　认识微生物接种、分离

一、实训目的与要求

1. 掌握微生物各种接种、分离方法。
2. 学会正确接种、分离。
3. 能完成一定数量的微生物接种任务。

二、原理

　　在自然界中,各种微生物是在互为依赖的关系下共同生活的。因此,为了取出特定的微生物进行纯培养,必须先把它们分离出来。将一种微生物移到另一种灭菌的培养基上称为接种。

　　分离培养微生物时,要考虑微生物对外界的物理、化学等因素的影响,即选择该类微生物最适合的培养基和培养条件。在分离、接种、培养过程中,均需严格的无菌操作,防止杂菌侵入,所用的器具必须经过灭菌,接种工具无论使用前后都要经过火焰灭菌,且在无菌室或无菌箱中进行。

三、材料与仪器

　　1. 菌种

　　大肠杆菌、金黄色葡萄球菌、酵母菌、青霉菌。

　　2. 器具

　　缓冲葡萄糖肉汤培养基试管垂直;缓冲葡萄糖肉汤半固体培养基试管垂直;缓冲葡萄糖肉汤固体培养基试管斜面;缓冲葡萄糖肉汤固体培养基平板;察氏培养基试管斜面;察氏培养基平板。

　　3. 接种工具

　　接种环、接种针、接种钩、镊子、酒精灯、火柴、酒精棉、试管架、浆糊、标签纸、恒温培养箱等。

四、操作方法

(一) 接种

1. 接种前的准备工作

(1) 检查接种工具。

(2) 在欲接种的培养基试管或平板上贴好标签,标上接种的菌名、操作者、接种日期等。

(3) 将培养基、接种工具和其他用品全部放在实验台上摆好,进行环境消毒。

2. 接种方法

(1) 试管接种方法

① 将菌种试管与待接种的试管培养基依次排列,挟于左手的拇指与食指之间,用右手的中指与食指或食指与小指拔出棉塞并挟出。

② 置试管口于酒精灯火焰附近。

③ 将接种工具垂直插入酒精灯火焰中烧红,再横过火焰三次,然后放入有菌试管壁内,于无菌的培养基表面待其冷却。

④ 用接种工具取少许菌种置于另一支试管中,按一定的接种方式把菌种接种到新的培养基上。

⑤ 取出接种工具,试管口和棉塞进行火焰灭菌。

⑥ 重新塞上棉塞。

⑦ 灼烧杀灭接种工具上残留余菌,把试管和接种工具放回原处。

（2）试管菌种接到平板培养基的方法

① 左手持平板和试管菌种,右手松动试管棉塞,灼烧接种工具。

② 右手小指与四指取下棉塞,取菌,打开平皿。

③ 将菌种接种到平皿上,立即盖上平皿。

④ 酒精灯火焰上灼烧接种工具灭菌。

⑤ 棉塞过火,重新塞住试管。

（二）分离

分离微生物的方法很多,其目的都是把混杂的微生物分离为单个细胞使其生长繁殖,形成单个菌落,以便得到纯菌种。

本实验以平板划线法分离。

1. 在无菌的条件下,分别取一接种环酵母菌和青霉菌放入盛有无菌水的试管中,配制混合菌液。

2. 在近火焰处,左手拿平板稍抬皿盖,右手持接种环蘸取一环混合液伸入皿内划线。

（三）培养

1. 将接种的细菌培养基放在 36℃±1℃恒温箱内培养 48 h±2 h 后观察。

2. 将接种分离后的酵母菌和霉菌放在 28℃的恒温箱内,3 d 后开始观察,共培养 5 d。

3. 平板培养基置于恒温箱内倒置培养。

五、实验报告

（一）实训过程记录

1. 写出实训中使用的培养基、试剂、仪器设备。

2. 将实验结果填于表 2-2 和表 2-3。

表 2-2　接种情况记录表

菌名	培养基名称	生长情况	接种方法	有无污染及原因

表2-3　分离情况记录表

菌名	培养基名称	有无单个菌落	有无污染情况

3. 写出菌种培养时间和温度。

4. 写出菌种处理的方法。

(二) 思考题

1. 为什么从事微生物实验工作的最基本要求是无菌操作?

2. 指出你所分离的平板上单个菌落分属于哪种微生物类群,并简述它们的菌落形态特征。

3. 大肠杆菌接种于葡萄糖肉汤培养基内培养24 h后,会出现什么情况?

项目六　普通光学显微镜的使用

一、实训的目的与要求

1. 掌控普通光学显微镜的结构、各部分功能及使用方法。
2. 掌控油镜的工作原理和使用方法。
3. 学会使用普通光学显微镜。

二、原理

普通光学显微镜由机械装置和光学系统两大部分构成。在光学系统中,物镜的性能最为关键,它直接影响着显微镜的分辨率。而在普通光学显微镜中配置的几种物镜以油镜的放大倍数最大,与其他物镜相比,使用较特殊,需在载玻片与镜头之间滴加镜油,以增加照明亮度和提高分辨率。

三、材料与仪器

1. 菌种

金黄色葡萄球菌及枯草杆菌染色玻片标本,啤酒酵母菌水浸片。

2. 其他

香柏油、二甲苯、显微镜、擦镜纸。

四、操作步骤

(一) 显微镜的安置

置显微镜于平整的实验台上,镜座距实验台边缘 3～4 cm,镜检时姿势要端正。

(二) 调节光源

安装在镜座内的光源灯可通过调节电压以获得适当的照明亮度,而使用反光镜采集自然光或灯光作为照明光源时,应根据光源的强度及所用物镜的放大倍数选用凹面或平面反光镜调节其角度,使视野内的光线均匀,亮度适宜。

(三) 低倍镜观察

将标本玻片置于载物台上,用标本夹夹住,移动推进器使观察对象处在物镜的正下方,下降 10× 物镜,使其接近标本,用粗调节器(粗调螺旋)慢慢升起镜筒,出现图像后再用细调节器(细调螺旋)调节图像至清晰。通过标本夹推进器慢慢移动玻片,认真观察标本各部位,找到合适目的物,仔细观察。

(四) 高倍镜观察

在低倍镜下找到合适的观察目标并将其移至视野中心后转动物镜转换器将高倍镜移至工作位置,以聚光镜器光圈及视野进行适当调节后微调细调节器使物像清晰,利用推进器移动标本仔细观察并记录。

(五) 油镜观察

在低倍镜或高倍镜下找到要观察的样品区域后,用粗调节器将镜筒升高约 2 cm,然后在待观察区域滴加1~2滴香柏油,将油镜转到工作位置,从侧面注视,用粗调节器将镜筒小心地降下,使油镜浸在镜油中并几乎与标本相接,将聚光器升至最高位置并开足光圈,用粗调节器将镜筒徐徐上升,直至视野中出现物像并用细调节器使其清晰为止。

(六)显微镜用后处理

1. 上升镜筒,取下载玻片。

2. 用擦镜纸擦去镜头上的香柏油,然后用擦镜纸蘸少许二甲苯擦去镜头上残留的油迹,再用干净的擦镜纸擦去残留的二甲苯。

3. 用擦镜纸清洁其他物镜和目镜,用绸布清洁显微镜的金属部件。

4. 将各部分还原,反光镜垂直于镜座,将物镜转成"八字形"再向下旋,同时把聚光镜降下,以免物镜与聚光镜发生碰撞危险。

(七)使用注意事项

在使用普通光学显微镜时一定要小心谨慎,操作得当,否则将会对仪器带来损伤,故须注意以下几点:

1. 搬动显微镜时应右手握住镜臂,左手托住镜座,使镜身保持直立,并靠近身体。切忌单手拎提。

2. 切忌用手或非擦镜纸涂抹各个镜面,以免污染或损伤镜面。

3. 使用高倍镜观察液体标本时,一定要加盖玻片。否则,不仅清晰度下降,而且试液易浸入高倍镜的镜头内,使镜片遭受污染和腐蚀。

4. 用油镜时应特别小心,切忌眼睛对着目镜边观察边下降镜筒。此外,油镜使用后一定要擦拭干净。香柏油在空气中暴露时间过长,就会变稠和干涸,很难擦拭。镜片上留有油渍,清晰度必然下降。

5. 二甲苯擦镜头时用量要少,且不宜久抹,以防粘合透镜的树脂溶解。切勿用酒精擦镜头和支架。

6. 显微镜放置的地方要干燥,以免镜片生霉;也要避免灰尘,在箱外暂时放置不用时,要用细布等盖住镜体。显微镜应避免阳光暴晒,且须远离热源。

7. 仪器出了故障,不要勉强使用。否则,可能引起更大的故障和不良后果。例如,在调旋钮不灵活时,如果强行旋动,会使齿轮、齿条变形或损坏。

五、实训报告

(一)实训过程记录

1. 写出实训的仪器名称。

2. 写出显微镜使用步骤。

3. 将普通光学显微镜的机械装置和光学系统组成填写在下表:

普通光学显微镜的构造

机械装置		光学系统	
组成	作用	组成	作用

机械装置		光学系统	
组成	作用	组成	作用

(二) 思考题

1. 油镜与普通物镜在使用方法上有何不同？应特别注意些什么？

2. 显微镜中调节光线强弱的装置有哪些？

项目七　细菌大小、形态的观察

一、实训的目的与要求

1. 学会观察各种细菌的形态。
2. 学会使用测微尺测量细菌大小。

二、原理

(一)细菌大小测定的基本原理

微生物细胞大小是微生物的基本形态特征之一,也是分类鉴定的依据之一。由于菌体很小,只能在显微镜下测量。用来测量微生物细胞大小的工具有目镜测微尺和镜台测微尺(图2-4)。

镜台测微尺(图2-4A)是中央部分刻有精确等分线的载玻片。一般将1 mm等分为100格(或2 mm等分为200格),每格长度等于0.01 mm(即10 μm),是专用于校正目镜测微尺每格的相对长度。

目镜测微尺(图2-4B)是一块可放在接目镜内的隔板上的圆形小玻片,其中央刻有精确的刻度,有等分50小格或100小格两种,每5小格间有一长线相隔。由于所用接目镜放大倍数和接物镜放大倍数的不同,目镜测微尺每小格所代表的实际长度也就不同,因此,目镜测微尺不能直接用来测量微生物的大小,在使用前必须用镜台测微尺进行校正,以求得在一定放大倍数的接目镜和接物镜下该目镜测微尺每小格所代表的相对长度,然后根据微生物细胞相当于目镜测微尺的格数,即可计算出细胞的实际大小。球菌用直径来表示其大小;杆菌则用宽和长的范围来表示。如金黄色葡萄球菌直径约为0.8 μm,枯草芽孢杆菌大小为$(0.7 \sim 0.8)$ μm$\times(2 \sim 3)$ μm。

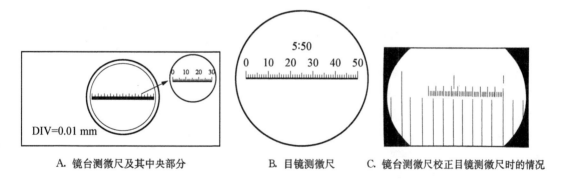

图2-4　测微尺及其安装和校正

A. 镜台测微尺及其中央部分　　B. 目镜测微尺　　C. 镜台测微尺校正目镜测微尺时的情况

(二)细菌形态观察的基本原理

细菌的形态一般有三种主要类型,即球菌、杆菌、螺旋菌,有些细菌有荚膜、鞭毛、芽孢、菌毛等特殊结构。利用普通光学显微镜(见项目六)可观察细菌的基本形态、细胞结构。

三、材料与仪器

1. 菌种

金黄色葡萄球菌、大肠杆菌、四联球菌、八叠球菌、枯草芽孢杆菌染色玻片标本。

2. 实训设备

普通光学显微镜、目镜测微尺、镜台测微尺。

四、操作步骤

(一) 细菌大小测定的基本步骤

1. 装目镜测微尺

取出接目镜,把目镜上的透镜旋下,将目镜测微尺的刻度朝下放在接目镜筒内的隔板上,然后旋上目镜透镜,最后将此接目镜插入镜筒内(图 2-4B)。

2. 目镜测微尺的校正

(1) 放置镜台测微尺

将镜台测微尺置于显微镜的载物台上,使刻度面朝上。

(2) 校正

先用低倍镜观察,将镜台测微尺有刻度的部分移至视野中央,调节焦距,看清镜台测微尺的刻度后,转动目镜使目镜测微尺的刻度与镜台测微尺的刻度平行,移动推进器,使目镜测微尺和镜台测微尺的某一区间的两对刻度线完全重合,然后分别数出两重合线之间镜台测微尺和目镜测微尺所占的格数(图 2-4C)。同法校正在高倍镜和油镜下目镜测微尺每小格所代表的长度。观察时,光线不宜过强,否则难以找到镜台测微尺的刻度;换高倍镜和油镜校正时,务必十分细心,防止接物镜压坏镜台测微尺和损坏镜头。

(3) 计算

由于已知镜台测微尺每格长 10 μm,根据计数得到的目镜测微尺和镜台测微尺重合线之间各自所占的格数,通过如下公式换算出目镜测微尺每小格所代表的实际长度。

$$目镜测微尺每小格长度(\mu m) = \frac{两条重合线间镜台测微尺格数 \times 10}{两条重合线间目镜测微尺格数}$$

菌体大小的测定:目镜测微尺校正后,移去镜台测微尺,换上细菌染色玻片标本。先用低倍镜和高倍镜找到标本后,换油镜校正焦距使菌体清晰,测定细菌的大小。测定时,通过转动目镜测微尺(或转动染色标本),测出杆菌的长和宽(或球菌的直径)各占几小格,将测得的格数乘以目镜测微尺每小格所代表的长度,即可换算出此单个菌体的大小值。在同一涂片上需测定 10~20 个菌体,求出其平均值,才能代表该菌的大小,而且一般是用对数生长期的菌体来进行测定。测定酵母菌时,先将酵母菌培养物制成水浸片,然后用高倍镜测出宽和长各占目镜测微尺的小格数,最后,将测得的格数乘上目镜测微尺(用高倍镜时)每小格所代表的长度,即为酵母菌的实际大小。

测定完毕,取出目镜测微尺,将接目镜放回镜筒,再将目镜测微尺和镜台测微尺分别用擦镜纸擦拭干净后,放回盒内保存。

(二) 细菌形态观察的基本步骤

用低倍镜、高倍镜和油镜观察大肠杆菌、金黄色葡萄球菌、四联球菌、八叠球菌等的染色装片。用低倍镜、高倍镜和油镜观察枯草杆菌(示芽孢)等细菌的染色装片的细胞特殊结构。

五、实验报告

(一) 实训过程记录

1. 记录细菌菌体大小测定结果:

细菌大小记录表

菌号	大肠杆菌的测定结果				金黄色葡萄球菌的测定结果	
	目镜测微尺小格数		实际长度/μm		目镜测微尺小格数	实际直径/μm
	宽	长	宽	长		
1						
2						
3						
4						
5						
6						
7						
8						
9						
10						
均值						

2. 绘制观察到的细菌形态图(注明放大倍数)。

(二) 思考题

1. 为什么要更换不同放大倍数的目镜和物镜?
2. 酵母菌水浸片制作时应注意什么?

项目八　细菌的简单染色和革兰氏染色

一、实训的目的与要求

1. 掌握染色的基本原理和操作过程。
2. 学会简单染色和革兰氏染色。
3. 能熟练显微镜的使用技术。

二、原理

由于菌体极小,折光率低,在显微镜下不容易看清,如将其染色,使菌体和背景之间反差增大,折光率增强,就容易看清。简单染色法只用一种染料着色。革兰氏染色法是细菌染色中一种重要的鉴别染色法。通过此法染色,可将细菌鉴别为革兰氏阳性菌和革兰氏阴性菌两大类。其过程是:草酸铵结晶紫初染→路哥尔氏碘液媒染→95％乙醇脱色→番红复染。若细胞能保持结晶紫与碘所形成的复合物而不被乙醇脱色,则细菌呈紫色,称革兰氏阳性菌,若被乙醇脱色而被番红复染成红色,则称革兰氏阴性菌。

三、材料与仪器

1. 革兰氏染色液(草酸铵结晶紫液＋路哥尔氏碘液＋95％乙醇＋番红)、生理盐水、菌落培养物(培养 18～24 h)、二甲苯、香柏油。
2. 载玻片、盖玻片、酒精灯、废液缸、洗瓶、吸水纸、接种环、显微镜、镊子。
3. 金黄色葡萄球菌、大肠杆菌。

四、操作步骤

(一) 简单染色法

涂片→干燥→固定→染色→水洗→干燥→镜检。

1. 涂片

取洁净载玻片,在中央滴一滴生理盐水(或无菌水),用接种环以无菌操作挑取欲观察菌体和水充分混匀,涂成极薄的菌膜。

2. 干燥

室温自然干燥或略微加热干燥。

3. 固定

涂面朝上,快速通过火焰2～3次(勿使涂片烫手)。

4. 染色

放平载玻片,用自来水冲洗,直到涂片上流下的水无色为止。

5. 干燥

自然干燥或吸水纸吸干,或用电吹风吹干。

(二) 革兰氏染色法

涂片→干燥→固定→草酸铵结晶紫初染→水洗→碘液媒染→95％酒精脱色 20～30 s→水

洗→番红复染→水洗干燥→镜检。

1. 涂片：先滴一小滴生理盐水于载玻片中央,然后用接种环取少量菌体轻轻混入水中,涂成一薄层并使细胞均匀分散。

2. 干燥：在空气中令其自然干燥或在酒精灯火焰上端高处微微加温但勿靠近火焰。

3. 固定：把涂有细菌的面朝上,在酒精灯火焰上通过三次,目的是杀死菌体细胞以及改变对染色剂的通透性,同时使涂片的菌体紧贴载玻片而不易被水冲洗脱落。

4. 初染：用草酸铵结晶紫液初染 1 min,水洗、吸干。

5. 媒染：加一滴路哥尔氏碘液媒染 1 min、水洗(此时结晶紫与碘液成复合物)。

6. 脱色：斜置载玻片,用 95% 酒精冲洗约 20～30 s,立即水洗,吸干。

7. 复染：用番红复染 1～2 min,水洗晾干或用吸水纸吸干。

8. 镜检：在显微镜油镜下检查革兰氏阳性菌和阴性菌染色的差异,并观察菌体形态。

（三）革兰氏染色成败的控制点

1. 涂片厚度：涂片过厚,细胞重叠,无法较好地观察单个细菌细胞形态,涂片过薄,细胞数量少,不利于观察。

2. 染色时间。染色时间过长,结晶紫与细胞结合,脱色不易;染色时间过短,染色不够,结晶紫尚未与细胞结合。染色控制不好,易引起误判。

3. 乙醇脱色的程度。如脱色过度,则阳性菌被误染为阴性菌;若脱色不够,则阴性菌被误染为阳性菌。

五、实验报告

（一）实训过程记录

1. 写出染色过程中使用过的仪器名称。
2. 写出染色过程中使用过的试剂名称。
3. 革兰氏染色和简单染色的区别是什么?除此之外还有别的染色方法吗?写出名称。
4. 说明实训中观察的 2 株细菌的染色结果(革兰氏染色结果、形态)。

（二）思考题

1. 你认为制备细菌染色标本时,应注意哪些环节?
2. 哪些环节会影响革兰氏染色结果的正确性?其中最关键的环节是什么?

项目九　霉菌和酵母菌大小、形态的观察

一、目的与要求

1. 学会观察霉菌和酵母菌的形态及繁殖方式。
2. 能熟练运用测量方法测量霉菌和酵母菌大小。

二、原理

菌体大小通常比细菌大几倍甚至十几倍,大多数的酵母菌以出芽方式进行无性繁殖,有的二分裂繁殖。用美兰制成的水浸片,可观察酵母菌的形态和出芽繁殖方式以及进行死活细胞的鉴别(染成蓝色的为死细胞,无色的为活细胞)。

三、材料与仪器

1. 啤酒酵母菌、假丝酵母菌、汉逊酵母菌。
2. 显微镜,载玻片、盖玻片、霉菌标本、接种针、酒精灯。
3. 吕氏美兰染色液。

四、操作步骤

(一) 霉菌和酵母菌大小测定的基本步骤
参见项目七。
(二) 细菌形态观察的基本步骤
1. 在干净载玻片中央加一滴吕氏染色液,以无菌操作用接种环挑取少量酵母菌菌体放于美兰液中,混合均匀。
2. 取一块盖玻片,先将一边与菌液接触,然后慢慢将盖玻片放下(以免产生气泡),使其盖在菌液上,将多余菌液用吸水纸吸干。
3. 将载玻片置于载物台上,先用低倍镜然后用高倍镜观察酵母菌的形态和出芽情况,并根据颜色来区别死活细胞。
4. 染色约 0.5 h 后再进行观察,注意细胞数量是否增加。
5. 将霉菌标本置于载物台上,先用低倍镜然后用高低倍镜观察各种霉菌的形态。

五、实验报告

(一) 实训过程记录

1. 记录霉菌和酵母菌大小测定结果。

霉菌和酵母菌大小记录表

菌号	霉菌的测定结果		酵母菌的测定结果	
	目镜测微尺小格数	实际直径/μm	目镜测微尺小格数	实际直径/μm
1				
2				
3				
4				
5				
6				
7				
8				
9				
10				
均值				

2. 绘图说明你所观察到的霉菌和酵母菌形态特征。

(二) 思考题

1. 在显微镜下,霉菌和酵母菌有哪些突出的特征区别于一般细菌?

2. 酵母菌水浸片制作时应注意什么?

模块三　食品微生物检验应会检测技术

项目一　细菌菌落总数测定

一、实训目的与要求

1. 理解细菌总数检验的意义。
2. 掌握国标法细菌菌落总数测定的流程。
3. 学会样品稀释处理的方法和菌落总数计数的方法。
4. 学会国标法测定菌落总数的方法和技能。

二、原理

菌落总数是指食品经过处理,在一定条件下培养后,所得 1 g 或 1 mL 检样中所含细菌菌落总数。菌落总数主要作为判别食品被污染程度的标志,也可以应用这一方法观察细菌在食品中繁殖的动态,以便对被检样品进行卫生学评价时提供依据。

菌落总数并不表示样品中实际存在的所有细菌总数,菌落总数并不能区分其中细菌的种类,所以有时被称为杂菌数、需氧菌数等。

三、试剂和仪器

(一) 器材(清洗、烘干、包扎、灭菌)

规格名称	数量	用途
1. 250 mL 稀释罐	1个	稀释样品
2. 500 mL 三角瓶	1个	配制生理盐水
3. 250 mL 三角瓶	2个	配制平板计数琼脂
4. 18×180 mm 试管	3支	稀释样品
5. 1 mL 移液管	5支	
6. 25 mL 移液管	1支	
7. 直径为 90 mm 平皿	10套	倒平板
8. 250 mL 量筒	1支	
9. 玻璃珠:直径约 5 mm		

(二) 应灭菌、消毒的器材

灭菌的器材:剪刀 1 把,不锈钢药匙 1 把,镊子 1 把。

酒精消毒的器材:吸耳球 1 个,滴管胶头 4 只,开瓶器。

（三）应制备的培养基和试剂

		培养基总量	所用容器
1. 0.85％NaCl 生理盐水	1 瓶	300 mL/瓶	500 mL 三角瓶
2. 平板计数培养基	2 瓶	100 mL/瓶	250 mL 三角瓶

所有的培养基和试剂都需经高压蒸汽灭菌锅灭菌后方可使用。

四、操作步骤

细菌菌落总数——平板计数法的基本检验流程图（图3-1）。

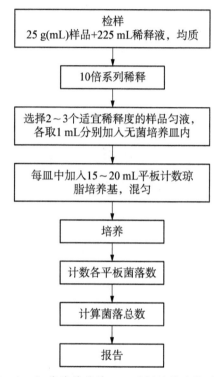

图3-1　细菌菌落总数——平板计数法检验流程

样品称量→样品稀释→倾注平皿→培养 48 h→计数报告。

（一）样品的称量和稀释

1. 称取样品 25 g/mL,放入装有适量玻璃珠的灭菌稀释罐中,然后用量筒量取 225 mL 的灭菌生理盐水徐徐加入,采用振摇法振摇 30 s,使样品充分混匀,即为 1∶10 的稀释液。固体样品在加入稀释液后,最好置灭菌均质器中以 8 000～10 000 r/min 的速度处理 1 min,制成 1∶10 的均匀稀释液。

2. 用 1 mL 灭菌吸管,吸取 1∶10 稀释液 1 mL,注入含有 9 mL 灭菌生理盐水的试管内,振摇试管 3～5 次,混合均匀,制成 1∶100 稀释液。

3. 另取 1 mL 灭菌吸管,按上项操作顺序作 10 倍递增稀释液,如此每递增稀释一次,即换用另一支 1 mL 灭菌吸管。

4. 根据对检样污染情况的估计,选择 2～3 个适宜稀释度,分别在作 10 倍递增稀释的同时,即以吸取该稀释度的稀释液 1 mL 于灭菌平皿内,每个稀释度做 2 个平皿。

5. 用 1 mL 生理盐水做空白对照试验,做 2 个平皿。

◆ **注意:**

① 吸管尖端不要触及瓶口或试管口外部,也不得触及管内稀释液。

② 吸管插入检样液内取样稀释时,插入深度要达 2.5 cm 以上,调整时应使管尖与容器内壁紧贴。

③ 进行稀释时,应使吸管内的液体沿管壁小心流入,以免增加检液。

④ 每递增稀释一次,即换用一支 1 mL 灭菌吸管。

(二) 倒平板

稀释液移入平皿后,应及时将凉至 46℃的平板计数培养基(放置于 46℃水浴保温)倾注入平皿约 15 mL,并转动平皿使混合均匀。

◆ **注意:**

① 培养基不能触及平皿口边沿,加入培养基后可正反两个方向旋转,但不可用力过度,以免溅起触及皿盖。

② 检样从开始稀释到倾注最后一个平皿,所用时间不宜超过 20 min。

(三) 培养

待培养基凝固后,翻转平皿,置 36℃±1℃温箱内培养 48 h±2 h 后取出,立即计算平皿内菌落数目,乘以稀释倍数,即得每 g(每 mL)样品所含菌落总数。

◆ **注意:**

1. 培养基凝固后,就立即将平板放入培养箱内进行培养,以免细菌蔓延生长。

2. 如果不能立即计数,要将平板放入 0～4℃冰箱中,但不能超过 24 h。

● 不同产品菌落总数测定的培养时间:

肉、乳、蛋及制品:	37℃培养 48 h
水产品:	30℃培养 72 h
清凉饮料、调味品、糕点、果脯、酒类等:	37℃培养 24 h

(四) 菌落计数

1. 选取菌落数 30～300 CFU、无蔓延菌落生长的平板计数菌落总数。低于 30 CFU 的平板记录具体菌落数,大于 300 CFU 的可记录为“多不可计”。每个稀释度的菌落应采用两个平板的平均数。

2. 其中一个平板有较大片状菌落生长时,则不宜采用,而应以无片状菌落生长的平板作为该稀释度的菌落数;如片状菌落不到平板一半,而其余一半中菌落分布又很均匀,即可计算半个平板后乘以 2,代表 1 个平板菌落数。

3. 平板上出现菌落间无明显界线的链状生长时,则将每条单链作为一个菌落计数。

(五) 结果与报告

1. 菌落总数的计算方法

若只有一个稀释度平板上的菌落数在适宜计数范围内,则计算两个平板菌落数的平均值,再将平均值乘以相应的稀释倍数,作为每 g(mL)样品中菌落总数结果。

若有两个连续稀释度的平板菌落数在适宜计数范围内时,按以下公式计算:

$$N = \sum C/(n_1 + 0.1n_2)d$$

公式中：N——样品中菌落数；

$\sum C$——平板（含适宜范围菌落数的平板）菌落数之和；

n_1——第一稀释度（低稀释倍数）平板个数；

n_2——第二稀释度（高稀释倍数）平板个数；

d——稀释因子（第一稀释度）。

若有稀释度的平板上菌落数均大于 300 CFU，则对稀释度最高的平板进行计数，其他平板可记录为"多不可计"，结果按平均菌落数乘以最高稀释倍数计算。

若所有稀释度的平板菌落数均小于 30 CFU，则应按稀释度最低的平均菌落数乘以稀释倍数计算。

若所有稀释度（包括液体样品原液）均无菌落生长，则以小于 1 乘以最低稀释倍数计算。

若所有稀释度的平板菌落数均不在 30～300 CFU，其中一小部分小于 30 CFU 或大于 300 CFU 时，则以最接近 30 CFU 或 300 CFU 的平均菌落数乘以稀释倍数计算。

2. 菌落总数的报告

菌落数小于 100 CFU 时，按"四舍五入"原则修约，采用两位有效数字报告。

菌落数大于或等于 100 CFU 时，第 3 位数采用"四舍五入"原则修约后，取前 2 位数字，后面用 0 代替位数；也可用 10 的指数形式来表示，按"四舍五入"原则修约后，采用两位有效数字。

若所有平板上为蔓延菌落而无法计数，则报告菌落蔓延。

若空白对照上有菌落生长，则此次检测结果无效。

称重取样以 CFU/g 为单位报告，体积取样以 CFU/mL 为单位报告。

五、实验报告

（一）实训过程记录

1. 写出需要的仪器名称和检验期限。

2. 写出完成检验需要的培养基、试剂名称和数量。

3. 写出检验依据和流程。

4. 检验结果记录。

细菌菌落总数检验记录表

样品名称						检验方法依据		
样品编号						样品状态		
样品数量						检验地点		
检验结果记录								
稀释度	10	10	10	10	10	10		空白值
菌落数								
平均值								
培养条件	温度：			时间：				
实测结果								

续表

标准值	
单项检验结论	
备注：	

(二) 思考题

1. 食品检验为什么要测定细菌菌落总数?
2. 食品中检出的菌落总数是否代表该食品上的所有细菌数? 为什么?
3. 为什么平板计数培养基在使用前要保持(46±1)℃的温度?
4. 培养时为什么要把培养皿倒置培养?

项目二 大肠菌群的测定

一、实训目的与要求

1. 理解大肠菌群在食品卫生检验中的意义。
2. 掌握大肠菌群检验原理和检验过程。
3. 学会大肠菌群检验,巩固无菌操作。

二、原理

大肠菌群系指一群能发酵乳糖、产酸产气、需氧和兼性厌氧的革兰氏阴性无芽孢杆菌。一般认为该菌群细菌可包括大肠埃希氏菌、柠檬酸杆菌、产气克雷白氏菌和阴沟肠杆菌等。该菌主要来源于人畜粪便,故以此作为粪便污染指标来评价食品的卫生质量,具有广泛的卫生学意义。它反映了食品是否被粪便污染,同时间接地指出食品是否有肠道致病菌污染的可能性。

食品中大肠菌群数系以每 100 g(或 mL)检样内大肠菌群最近似数(The Most Probable Number,简称 MPN)表示。

三、试剂和仪器

(一) 器材

规格名称	数量	用途
1. 250 mL 稀释罐	1个	稀释样品
2. 500 mL 三角瓶	2个	配制生理盐水
3. 250 mL 三角瓶	1个	配制 EMB 琼脂
4. 18×180 mm 试管	8 支(4 支/小组)	稀释及配制双料乳糖胆盐发酵管
5. 18×150 mm 试管	20~25 支(6 支/小组)	单料乳糖胆盐发酵管、乳糖发酵管
6. 13×130 mm 试管	20 支	配制蛋白胨水、EC 肉汤
7. 1 mL 移液管	5 支	
8. 10 mL 移液管	1 支	
9. 25 mL 移液管	1 支	
10. 250 mL 量筒	1 支	

11. 玻璃珠:直径约 5 mm

(二) 应灭菌消毒的器材

灭菌的器材:剪刀 1 把,不锈钢药匙 1 把,镊子 1 把。

酒精消毒的器材:吸耳球 1 个,滴管胶头 4 只,开瓶器。

(三) 应制备的培养基和试剂

	培养基总量	所用容器
1. 0.85%NaCl 生理盐水	300 mL	500 mL 三角瓶
2. 月桂基硫酸盐发酵管		
双料: 10 mL/支	5 支	60 mL	18×180 mm 试管(装有导管)

单料：　　　　　　　10 mL/支　　　8 支　　　90 mL　　　18×180 mm 试管(装有导管)

3. 煌绿胆盐发酵管：　10 mL/支　　　5 支　　　50 mL　　　18×180 mm 试管(装有导管)

所有的培养基和试剂都需经高压蒸汽灭菌锅灭菌后方可使用。

四、操作步骤

大肠菌群的测定第一大法——MPN 计数法的基本流程图(图 3-2)。

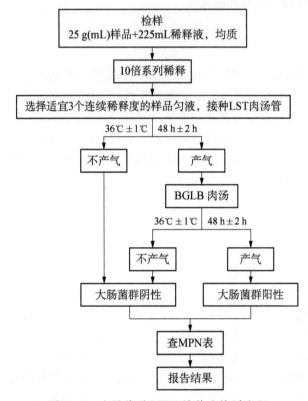

图 3-2　大肠菌群 MPN 计数法检测流程

(一) 样品的稀释与乳糖胆盐发酵试验——[初发酵]

1. 称取样品 25 g/mL,放入装有适量玻璃珠的灭菌稀释罐中,然后用量筒量取 225 mL 的灭菌生理盐水徐徐加入,采用振摇法振摇 30 s,使样品充分混匀,即为 1∶10 的稀释液。固体样品在加入稀释液后,最好置灭菌均质器中以 8 000~10 000 r/min 的速度处理 1 min,制成 1∶10 的均匀稀释液。

2. 用 10 mL 移液管吸取 1∶10 的稀释液 10 mL 分别注入双料发酵管中(共 3 支)。

3. 用 1 mL 移液管吸取 1∶10 的稀释液 1 mL 分别注入单料发酵管中(共 3 支)。

4. 用同上一支 1 mL 灭菌吸管吸取 1∶10 稀释液 1 mL,注入含有 9 mL 灭菌生理盐水的试管内,换一支吸管,振摇 3~5 次,做成 1∶100 的稀释液。再用这支吸管吸取 1∶100 稀释液 1 mL 分别注入单料发酵管中(共 3 支)。

◇ **注意**：做 10 倍递增稀释时,每递增稀释一次,要换用 1 支 1 mL 灭菌吸管。

5.培养

将接种后的乳糖胆盐发酵管置(36±1)℃温箱内,培养(48±2) h,如所有乳糖胆盐发酵管都不产酸不产气,则可报告为大肠菌群阴性;如有产酸产气者,则按下列程序进行试验。

(二)煌绿胆盐发酵管发酵——[复发酵](证实试验)

从产气产酸的初发酵管中,用接种环依次取可疑大肠菌群的菌液接种于煌绿胆盐发酵管中,置(36±1)℃温箱内培养(48±2) h,观察产气情况。

(三)观察复发酵结果

观察复发酵管内是否有气体产生。凡复发酵管产气,即可报告为大肠菌群阳性。

(四)查 MPN 表报告

根据证实为大肠菌群阳性的管数,查 MPN 检索表,报告每 1 mL(g)大肠菌群的 MPN 值。

五、思考题

(一)实训过程记录

1.写出需要的仪器名称和检验期限。

2.写出完成检验需要的培养基、试剂名称和数量。

3.写出检验依据和流程。

4.检验结果记录。

大肠菌群检验记录表

样品名称		检验方法依据	
样品编号		样品状态	
样品数量		检验地点	
检验结果记录			
检样量	初发酵结果(管)	复发酵结果(管)	阳性管数
10 mL			
1 g(或 mL)			
0.1 g(或 mL)			
0.01 g(或 mL)			
0.001 g(或 mL)			
培养条件	温度: 时间:	温度: 时间:	
检验结果			
备注			

(二)思考题

1.大肠菌群检验中为什么首先要用初发酵管?

2.为什么大肠菌群的检验要经过复发酵才能证实?

3.所有发酵管均为阴性反应时,检验结果可否报告为"零"?

项目三　霉菌和酵母菌检验

一、实训目的与要求

1. 掌握测定霉菌和酵母菌的操作流程。
2. 学会霉菌和酵母菌的测定,巩固无菌操作技术。

二、原理

酵母菌是真菌中的一大类,通常是单细胞,呈圆形、卵圆形、腊肠形或杆状。

霉菌也是真菌,能够形成疏松的绒毛状的菌丝体的真菌称为霉菌。

霉菌和酵母菌广泛分布于自然界并可作为食品中正常菌相的一部分。

霉菌和酵母菌也可造成食品腐败变质。由于它们生长缓慢和竞争能力不强,故常常在不适于细菌生长的食品中出现,这些食品是低 pH、低湿度、高含盐和含糖的食品、低温贮藏的食品,含有抗菌素的食品等。由于霉菌和酵母菌能抵抗热、冷冻,以及抗菌素和辐照等贮藏及保藏技术,它们能转换某些不利于细菌的物质,而促进致病细菌的生长;有些霉菌能够合成有毒代谢产物——霉菌毒素。霉菌和酵母菌往往使食品表面失去色、香、味。例如,酵母菌在新鲜的和加工的食品中繁殖,可使食品产生难闻的异味,它还可以使液体产生浑浊,产生气泡,形成薄膜,改变颜色及散发不正常的气味等。因此霉菌和酵母菌也作为评价食品卫生质量的指示菌,并以霉菌和酵母菌计数来制定食品被污染的程度。目前已有若干个国家制定了某些食品的霉菌和酵母菌限量标准。我国已制定了一些食品中霉菌和酵母菌的限量标准。

三、试剂和仪器

(一) 器材(清洗、烘干、包扎、灭菌)

规格名称	数量	用途
1. 250 mL 稀释罐	1个	稀释样品
2. 500 mL 三角瓶	1个	配制生理盐水
3. 250 mL 三角瓶	2个	配制营养琼脂
4. 18×180 mm 试管	3支	稀释样品
5. 1 mL 移液管	5支	
6. 10 mL 移液管	1支	
7. 直径为90 mm 平皿	10套	倒平板
8. 250 mL 量筒	1支	
9. 玻璃珠:直径约5 mm	适量	

(二) 应灭菌消毒的器材

灭菌的器材:剪刀1把,不锈钢药匙1把,镊子1把。

酒精消毒的器材:吸耳球1个,滴管胶头4只,开瓶器。

(三) 应制备的培养基和试剂

培养基总量　　　　所用容器

1. 灭菌蒸馏水： 1瓶 300 mL/瓶 500 mL 三角瓶
2. 高盐察氏培养基： 1瓶 120 mL/瓶 250 mL 三角瓶
3. 孟加拉红培养基： 1瓶 120 mL/瓶 250 mL 三角瓶

所有的培养基和试剂都需经高压蒸汽灭菌锅灭菌后方可使用。

四、操作步骤

霉菌和酵母菌平板计数法的基本流程图见图 3-3：

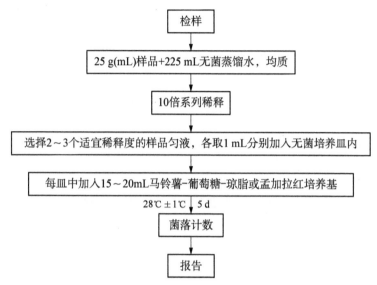

图 3-3 霉菌和酵母菌平板计数法检测流程

样品称量→样品的稀释→倾注平皿→培养 5 d→计数报告。

(一) 样品的称量和稀释

1. 称取样品 25 g/mL，放入装有适量玻璃珠的灭菌稀释罐中，然后用量筒量取 225 mL 的灭菌蒸馏水徐徐加入，采用振摇法振摇 30 min，使样品充分混匀，即为 1∶10 的稀释液。固体样品在加入稀释液后，最好置灭菌均质器中以 8 000～10 000 r/min 的速度处理 1 min，制成 1∶10 的均匀稀释液。

2. 用 10 mL 灭菌吸管，吸取 1∶10 稀释液 10 mL，注入无菌空试管内，另用带橡皮乳头的 1 mL 灭菌吸管反复吹吸 50 次，使霉菌孢子充分散开。

3. 用 1 mL 灭菌吸管，吸取上述 1∶10 稀释液 1 mL，注入含有 9 mL 灭菌蒸馏水的试管内，换一支 1 mL 灭菌吸管反复吹吸 5 次，制成 1∶100 稀释液。

4. 另取 1 mL 灭菌吸管，吸取上述 1∶100 稀释液 1 mL，注入含有 9 mL 灭菌蒸馏水的试管内，按上项操作顺序作 10 倍递增稀释液，如此每递增稀释一次，即换用另一支 1 mL 灭菌吸管。

5. 根据对样品污染的情况估计，选择 3 个适宜稀释度，分别在做 10 倍递增稀释的同时，即以吸取该稀释度的 1 mL 稀释液于灭菌平皿内，每个稀释度做 2 个平皿。

6. 用 1 mL 无菌蒸馏水做空白对照试验，做 2 个平皿。

◆ **注意:**

① 加入检样液时,吸管尖端不要触及瓶口或试管口外部,也不得触及管内稀释液,并将吸管内的液体沿管壁小心流入,以免增加检液。

② 吸管插入检样液内取样稀释时,插入深度要达 2.5 cm 以上,调整时应使管尖与容器内壁紧贴。

③ 每递增稀释一次,即换用另一支 1 mL 灭菌吸管。

(二) 倒平板

稀释液移入平皿后,及时将凉至 46℃ 的培养基(可放置于 46℃ 水浴保温)倾注入平皿约 15 mL,并正反转动平皿使混合均匀。

◆ **注意:**

① 培养基不能触及平皿口边沿,加入培养基后可正反两个方向旋转,但不可用力过度,以免溅起触及皿盖。

② 检样从开始稀释到倾注最后一个平皿,所用时间不宜过长。

(三) 培养

待培养基凝固后,翻转平皿,置 28℃±1℃ 培养箱内培养 5d,从第 3d 开始观察后取出,共观察培养 5 d。

(四) 菌落计数

选取菌落数 10~150 CFU 的平板,根据菌落形态分别计数霉菌和酵母菌。菌落蔓延生长至覆盖整个平板可记录为"多不可计"。每个稀释度的菌落应采用两个平板的平均数。

(五) 结果与报告

1. 菌落总数的计算方法

计算两个平板菌落数的平均值,再将平均值乘以相应的稀释倍数计算。

若有稀释度的平板上菌落数均大于 150 CFU,则对稀释度最高的平板进行计数,其他平板可记录为"多不可计",结果按平均菌落数乘以最高稀释倍数计算。

若所有稀释度的平板菌落数均小于 10 CFU,则应按稀释度最低的平均菌落数乘以稀释倍数计算。

若所有稀释度(包括液体样品原液)均无菌落生长,则以小于 1 乘以最低稀释倍数计算;如为原液,则以小于 1 计数。

2. 菌落总数的报告

菌落数小于 100 CFU 时,按"四舍五入"原则修约,采用两位有效数字报告。

菌落数大于或等于 100 CFU 时,第 3 位数采用"四舍五入"原则修约后,取前 2 位数字,后面用 0 代替位数;也可用 10 的指数形式来表示,按"四舍五入"原则修约后,采用两位有效数字。

若所有平板上为蔓延菌落而无法计数,则报告菌落蔓延。

若空白对照上有菌落生长,则此次检测结果无效。

称重取样以 CFU/g 为单位报告,体积取样以 CFU/mL 为单位报告。

五、实训报告

(一) 实训过程记录

1. 写出需要的仪器名称和检验期限。

2. 写出完成检验需要的培养基、试剂名称和数量。

3. 写出检验依据和流程。

4. 检验结果记录。

霉菌和酵母菌菌落总数检验记录表

样品名称				检验方法依据		
样品编号				样品状态		
样品数量				检验地点		
检验结果记录						
霉菌菌落总数结果记录						
稀释度	10		10		10	空白值
实测值						
平均值						
培养条件	温度：			时间：		
实测结果						
标准值				单项检验结论		
酵母菌菌落总数结果记录						
稀释度	10		10		10	空白值
实测值						
平均值						
培养条件	温度：			时间：		
实测结果						
标准值				单项检验结论		
备注						

(二) 思考题

1. 在菌落总数测定和霉菌和酵母菌的计数中,两者在样品处理过程中有何不同? 列表说明。计数时又有何异同处?

2. 霉菌和酵母菌的菌落形态各是什么?

项目四　食品商业无菌检验

一、实训目的与要求

1. 理解食品商业无菌检验的意义。
2. 学会对食品进行商业无菌检验，并能对结果进行正确判断。

二、原理

商业无菌指不含危害公共健康的致病菌和毒素；不含任何在产品储存、运输及销售期间能繁殖的微生物；在产品有效期内保持质量稳定和良好的商业价值。

商业无菌已经被引用于叙述存在于大多数罐装产品和瓶装产品的条件。罐头食品就是属于"商业无菌"，是指罐头食品经过适度的热杀菌后，不含有致病的微生物，也不含有在通常温度下能在其中繁殖的非致病性微生物，这种状态称作商业无菌。

三、试剂和仪器

1. 样品

水果罐头。

2. 培养基和试剂

无菌生理盐水、结晶紫染色液、含4％碘的乙醇溶液、革兰氏染色液、溴甲酚紫葡萄糖肉汤、庖肉培养基、营养琼脂、酸性肉汤、麦芽浸膏汤、沙氏葡萄糖琼脂、肝小牛肉琼脂。

3. 仪器设备、材料

除微生物实验室常规灭菌及培养设备外，其他设备和材料如下：

① 冰箱：2～5℃

② 恒温培养箱：30℃±1℃；36℃±1℃；55℃±1℃

③ 恒温水浴箱：55℃±1℃

④ 均质器及无菌均质袋、均质杯或乳钵

⑤ 电位pH计（精确度pH 0.05单位）

⑥ 显微镜：10～100倍

⑦ 开罐器和罐头打孔器

⑧ 电子秤或台式天平

⑨ 超净工作台或百级洁净实验室

四、操作步骤

商业无菌检验程序见图3-4。

（一）样品准备

去除表面标签，在包装容器表面用防水的油性记号笔做好标记，并记录容器、编号、产品性状、泄漏情况、是否有小孔或锈蚀、压痕、膨胀及其他异常情况。

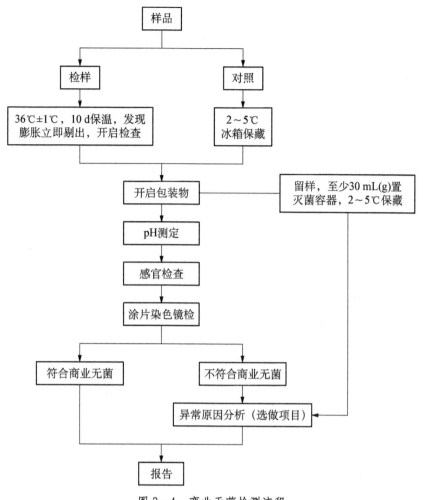

图 3-4 商业无菌检测流程

（二）称重

1 kg 及以下的包装物精确到 1 g，1 kg 以上的包装物精确到 2 g，10 kg 以上的包装物精确到 10 g，根据不同重量需求，选择台秤或者电子天平，并记录。

（三）保温

1. 每个批次取 1 个样品置 2～5℃ 冰箱保存作为对照（总罐数），将其余样品在 36℃±1℃ 下保温 10 d。保温过程中应每天检查，如有膨胀或泄漏现象，应立即剔出，开启检查，以防爆炸；其余的继续保温。

2. 保温结束时，再次称重并记录，比较保温前后样品重量有无变化。如有变轻，说明样品发生泄漏。将所有包装物置于室温直至开启检查。

（四）开启

1. 膨胀的样品，先置于 2～5℃ 冰箱内冷藏数小时后开启，开启时使用开罐刀。

2. 用冷水和洗涤剂清洗待检样品的光滑面。水冲洗后用无菌毛巾擦干。以含 4% 碘的乙醇溶液浸泡消毒光滑面 20～30 min 后用无菌毛巾擦干。

3. 在超净工作台中开启。带汤汁的样品开启前应适当振摇。使用无菌开罐器在消毒后的罐头光滑面开启一个适当大小的口,开罐时不得伤及卷边结构,每一个罐头单独使用一个开罐器,不得交叉使用。如样品为软包装,在光滑面使用灭菌剪刀开启,不得损坏接口处。立即在开口上方嗅闻气味,并记录。

(五)留样

开启后,用灭菌吸管或其他适当工具以无菌操作取出内容物至少 30 mL(g)至灭菌容器内,保存至 2~5℃冰箱中,在需要时可用于进一步试验,待该批样品得出检验结论后可弃去。开启后的样品可进行适当的保存,以备日后容器检查时使用。空罐暂时保存,以备进行泄露情况检查。

(六)感官检查

在光线充足、空气清洁无异味的检验室中,将样品内容物倾入白色搪瓷盘内,对产品的组织、形态、色泽和气味等进行观察和嗅闻,按压食品检查产品性状,鉴别食品有无腐败变质的迹象,同时观察包装容器内部和外部的情况,并记录。切勿对保温过的食品进行品尝。

(七)pH 测定

1. 样品处理

(1)液态制品混匀备用,有固相和液相的制品则取混匀的液相部分备用。

(2)对于稠厚或半稠厚制品以及难以从中分出汁液的制品,取一部分样品在均质器或研钵中研磨,如果研磨后的样品仍太稠厚,加入等量的无菌蒸馏水,混匀备用。

2. 测定

(1)将电极插入被测试样液中,并将 pH 计的温度校正器调节到被测液的温度。如果仪器没有温度校正系统,被测试样液的温度应调到 20℃±2℃的范围之内,采用适合于所用 pH 计的步骤进行测定。当读数稳定后,从仪器的标度上直接读出 pH,精确到 pH 0.05 单位。

(2)同一个制备试样至少进行两次测定。两次测定结果之差应不超过 0.1 pH 单位。取两次测定的算术平均值作为结果,报告精确到 0.05 pH 单位。

3. 分析结果

与同批冷藏保存对照相比,比较是否有显著差异。pH 相差大于等于 0.5 判为显著差异。

(八)涂片染色镜检

1. 涂片

取样品内容物进行涂片。带汤汁的样品可用接种环挑取汤汁涂于载玻片上,固态食品可直接涂片或用少量灭菌生理盐水稀释后涂片,待干后用火焰固定。油脂性食品涂片自然干燥并火焰固定后,用二甲苯流洗,自然干燥。

2. 染色镜检

对涂片用结晶紫染色液进行单染色,干燥后镜检,至少观察 5 个视野,记录菌体的形态特征以及每个视野的菌数。与同批冷藏保存对照样品相比,判断是否有明显的微生物增殖现象。菌数有百倍或百倍以上的增长则判为明显增殖。

(九)结果判定

样品经保温试验未出现泄漏;保温后开启,经感官检验、pH 测定、涂片镜检,确证无微生物增殖现象,则可报告该样品为商业无菌。

样品经保温试验出现泄漏;保温后开启,经感官检验、pH 测定、涂片镜检,确证有微生物增殖现象,则可报告该样品为非商业无菌。

五、实训报告

实训过程记录

1. 写出需要的仪器名称和检验期限。
2. 写出完成检验需要的培养基、试剂名称。
3. 写出检验依据和流程。
4. 检验结果记录。

罐头食品商业无菌检验记录表

样品批号		样品名称	
检验依据		检验地点	
检验项目	结果		
	对照样品(2~5℃ 10 d)		检验样品(36℃ 10 d)
胖听或泄漏			
感官检查			
pH			
染色镜检(观察_____个视野)	个/视野		个/视野

如上述项目有一项异常,进行接种培养:

增菌					染色镜检	结果判定
培养基名称	接种管数	培养温度(℃)	培养时间(h)	结果		

注:⊕:生长、产酸产气;+:生长;一未生长。G⁻b:革兰氏阴性杆菌;G⁺b:革兰氏阳性杆菌;G⁺c:革兰氏阳性球菌;G⁻c:革兰氏阴性球菌;M:霉菌;Y:酵母菌。